本书获 2019 年湖北省社科基金一般项目（后期资助项目）"民族地区碳贫困与碳交易减贫研究——以贵州六盘水市湖北恩施州为例"（2019136）和江汉大学 2019 年度学术著作出版资助

民族地区碳贫困与碳交易减贫研究

——以贵州六盘水市和湖北恩施州为例

付寿康　著

武汉理工大学出版社
·武　汉·

图书在版编目(CIP)数据

民族地区碳贫困与碳交易减贫研究:以贵州六盘水市和湖北恩施州为例 / 付寿康著. —武汉:武汉理工大学出版社, 2021.7
ISBN 978-7-5629-6179-6

Ⅰ. ①民… Ⅱ. ①付… Ⅲ. ①森林-二氧化碳-资源管理-研究-六盘水、恩施土家族苗族自治州 ②扶贫-研究-六盘水、恩施土家族苗族自治州 Ⅳ. ①S718.5 ②F127.733 ③F127.632

中国版本图书馆 CIP 数据核字(2020)第 228189 号

项目负责人:李兰英　　　　　　　　　　　责 任 编 辑:李兰英
责 任 校 对:陈海军　　　　　　　　　　　排 版 设 计:正风图文
出 版 发 行:武汉理工大学出版社
地　　　　址:武汉市洪山区珞狮路 122 号
邮　　　　编:430070
网　　　　址:http://www.wutp.com.cn
经　　　　销:各地新华书店
印　　　　刷:广东虎彩云印刷有限公司
开　　　　本:710mm×1000mm　1/16
印　　　　张:14.75
字　　　　数:275 千字
版　　　　次:2021 年 7 月第 1 版
印　　　　次:2021 年 7 月第 1 次印刷
定　　　　价:99.00 元

序

党的十九大报告指出:我国社会主要矛盾已经转化为人民日益增长的美好生活需要和不平衡不充分的发展之间的矛盾。民族地区与东部发达地区经济社会发展之间的差距较大,是"不平衡不充分"的重要体现。

贫困与资源环境问题常相伴而生。民族地区既承担着生态保护、涵养水源的主体功能区责任,又担负着向东部地区输送能源及矿产资源的重任。"富饶的贫困"是民族地区经济社会发展中需要研究的重要课题。

民族地区"碳"资源富集,但在"碳"资源开发利用中,既会对生态环境和人们的生产生活产生直接外部性影响,又会对人们发展的权利与能力产生间接外部性影响,对多数贫困群众权利与能力的负外部性影响是资源富集地区贫困的重要原因。本书的选题源于我带领的学术团队对民族地区贫困问题长期、多角度的关注与研究。结合湖北省恩施州碳汇交易课题研究的具体实践,我们创新性地提出了"碳贫困"概念,将碳贫困分为"绿碳贫困"与"灰碳贫困",并指出了它们的主要特征、成因与致贫机理,进行实证研究。我的学生付寿康博士开展了大量的调查研究,综合运用经济学、民族学、生态学的理论与方法,从"碳"视角探讨民族地区的贫困原因,探索"碳"资源开发利用及"碳"资源交易的途径与方式,以贵州六盘水市和湖北恩施州为例研究碳贫困问题,思考减贫新路径。六盘水市的碳贫困是一种煤炭资源富集,受煤炭资源开发利用系列活动负外部性影响的"灰碳贫困"。生态环境脆弱,资源依赖型民族地区面临着灰碳贫困、环境污染、气候变化等诸多挑战,地区经济社会发展成本高。恩施州的碳贫困是一种生态资源富集,因生态环境保护,经济发展受到一定限制,受环境与政策外部性影响的"绿碳贫困"。该地区基础设施建设落后,投资开发力度不够,人的可行能力受到制约。

我们"既要绿水青山,也要金山银山",不能让民族地区再走先发展后治理的老路,也不能让贫困人口失去发展的机会。然而,民族地区生态建设与"碳"资源开发中的生态补偿存在诸多问题。建立与新时代发展相适应的生态补偿机制是破解民族地区碳贫困问题的核心路径。碳排放权交易机制既是一种市场化的生态补偿机制,又是一种分配方式。它为生态补偿方式转变搭建平台,引入市场机制,提供量化标准,可以为民族地区发展带来资金、技术和先进的管理理念,提高贫困群众的可行能力,拓展他们的发展权,促使生态建设与减贫效应的长期化、常态化,实现碳减排与碳汇资源生态服务外部效应的内部化,以市场化方式解决脱贫攻坚中政府难以解决、解决不好的资源环境外部性问题。

作为导师,看到学生完成一部较高水平的著作,欣然为之作序。

北方民族大学校长 教授 博士生导师　李俊杰
2020 年 11 月

目　　录

图　目　录

表 目 录

第一章 引　言

一、研究背景

新时代生态文明建设的意义重大。 在全球气候变暖，我国环境问题突出、碳减排压力不断增大的背景下，生态文明建设是中国特色社会主义事业的重要内容，建设生态文明是关系人民福祉、关乎民族未来的大计，是实现中华民族伟大复兴中国梦的重要内容。[①] 加速推进生态文明建设，不仅是加快推进经济发展方式转变、提高经济发展质量和效益的内在要求，还是坚持以人为本、促进和谐社会建设的必然选择，更是全面建成小康社会、实现中华民族伟大复兴中国梦的重要时代抉择，同时是积极应对全球气候变化、维护全球生态安全的重大举措。通过国家政策的顶层设计，一系列生态文明建设重大决策的实施，我国在推动生态文明建设方面取得了重大进展和积极成效。[②]

党的十八大报告将生态文明建设放到突出位置，融入经济、政治、文化与社会建设的各方面和全过程，努力建设"美丽中国"。十八届三中、五中全会的决议和《中共中央 国务院关于生态文明体制改革的总体方案》都明确要求，发挥市场在资源配置中的决定性作用，将市场机制导入生态经济发展中，健全自然资源资产产权制度，加强生态文明制度建设。党的十九大报告指出：

---

① 中共中央宣传部.习近平总书记系列重要讲话读本：2016 年版[M].北京：学习出版社，人民出版社，2016.

② 《中共中央 国务院关于加快推进生态文明建设的意见》，国务院公报，2015 年第14 号。

建设生态文明是中华民族永续发展的千年大计。必须树立和践行绿水青山就是金山银山的理念，坚持节约资源和保护环境的基本国策，像对待生命一样对待生态环境，统筹山水林田湖草系统治理，实行最严格的生态环境保护制度，形成绿色发展方式和生活方式，坚定走生产发展、生活富裕、生态良好的文明发展道路，建设美丽中国，为人民创造良好生产生活环境，为全球生态安全做出贡献。

新时代民族地区脱贫攻坚困难多、任务重。生态文明建设，全面建成小康社会是中国特色社会主义事业的重要内容。消除贫困、改善民生、逐步实现共同富裕，是社会主义的本质要求，是我们党的重要使命。自20世纪80年代中期，中国开始有计划、有组织、大规模地扶贫开发，扶贫开发事业取得举世瞩目的成绩，脱贫攻坚取得决定性进展。按照世界银行每人每天1.9美元的国际贫困标准及世界银行发布的数据，我国贫困人口从1981年末的8.78亿人减少到2013年末的2511万人，累计减少8.53亿人，减贫人口占全球减贫总规模超七成；中国贫困发生率从1981年末的88.3%下降至2013年末的1.9%。中国也成为全球最早实现联合国千年发展目标中减贫目标的发展中国家。①

随着中国减贫进程的深入推进，贫困人口普遍分布的地理区域格局被打破，更多地向老、少、边、穷地区集中。贫困人口集中的民族地区贫困问题表现出两大趋势：一是贫困发生率逐步降低；二是少数民族贫困人口占总贫困人口比重不断上升。两大趋势的共同作用是贫困人口越来越集中在少数民族等特殊类型贫困地区。②"十三五"时期脱贫攻坚进入决胜阶段，民族地区的贫困具有其特殊性与复杂性，贫困程度深、扶贫成本高、脱贫难度大。没有民族地区的小康，就没有全面小康。2016年《国务院关于印发"十三五"脱贫攻坚规划的通知》指出：贫困问题依然是我国经济社会发展中最突出的"短板"，脱贫攻坚形势复杂、严峻。

2016年中国仍有4335万农村贫困人口，较2015年减少1240万人，主要分布在832个国家扶贫开发工作重点县、集中连片特困地区县和12.8万个建

---

① 国家统计局.扶贫开发成就举世瞩目 脱贫攻坚取得决定性进展——改革开放40年经济社会发展成就系列报告之五[EB/OL].(2018-09-03)[2020-04-15].http://www.stats.gov.cn/ztjc/ztfx/ggkf40n/201809/t20180903_1620407.html.

② 汪三贵,张伟宾,杨龙.少数民族贫困问题研究[M].北京:中国农业出版社,2016.

档立卡贫困村,多数西部省份的贫困发生率在10％以上。国务院要求提升贫困地区区域发展能力,以革命老区、民族地区、边疆地区、集中连片特困地区为重点,整体规划,统筹推进,持续加大对集中连片特困地区的扶贫投入力度。①

新时代生态文明建设与民族地区脱贫攻坚相结合意义重大。民族地区生态环境脆弱,意味着这些地区难以通过重化工业化等方式实现减贫。民族地区全面建成小康社会要补齐扶贫开发和生态环境保护这两大短板,锻造区域发展长板就必须把生态文明建设与脱贫攻坚有机结合起来。贫困问题既是经济问题又是社会问题,但是归根到底是发展问题。习近平总书记在中央政治局第六次集体学习时指出,要正确处理好经济发展同生态环境保护的关系,牢固树立保护生态环境就是保护生产力、改善生态环境就是发展生产力的理念。②

民族地区是我国的资源富集区、水系源头区、生态屏障区、文化特色区、边疆地区、贫困地区。③民族地区的发展事关我国民族团结、社会稳定和边疆安全,事关我国生态安全与环境质量。一方面,民族地区与国家重点生态功能区在地理空间上重叠,生态建设是民族地区建设与发展常态化的内容,生态建设与扶贫开发长期存在,生态建设产生碳汇,从而产生生态正外部效益。另一方面,民族地区能源与原材料资源富集,煤炭、石油、天然气、矿石等资源丰富,然而资源开发利用是民族地区经济社会发展的重要依托,因此资源开发利用与脱贫攻坚将长期存在,资源开发利用与碳排放对经济社会发展、扶贫、生态环境的外部性影响也将客观存在。

贫困与资源环境问题常相伴而生。从某种程度上说,贫困问题也是资源环境问题,贫困的发生、贫困程度与资源环境状况密切相关。全球气候变化使得贫困地区更容易受到自然灾害的威胁,气候变化与资源环境的外部性影响明显。民族地区生态系统稳定性差,对气候变化十分敏感。民族地区的农牧业占有重要地位,而农牧业极易受到气候变化的影响。农牧民经济底子薄,

---

① 《国务院关于印发"十三五"脱贫攻坚规划的通知》(国发〔2016〕64号),2016年11月23日。

② 中共中央宣传部.八、绿水青山就是金山银山:关于大力推进生态文明建设[N].人民日报,2014-07-11(12).

③ 国家民族事务委员会.中央民族工作会议精神学习辅导读本[M].北京:民族出版社,2015.

抗风险能力差，容易因灾致贫。例如，宁夏西海固地区风沙、干旱、霜冻、冰雹等灾害性天气时常发生，素有"十年一大旱，五年一中旱，三年两头旱"之说。

碳交易将是生态文明制度建设与民族地区减贫模式优化的重要途径。 中国经济社会快速发展，但是生态文明制度建设相对滞后，人口、资源与生态环境三者之间的矛盾凸显，成为经济社会可持续发展的一大瓶颈。在此背景下，中国作为《京都议定书》[①] 的签署国，积极应对全球气候变化并做出自己的贡献。《中共中央 国务院关于加快推进生态文明建设的意见》中就明确指出："坚持当前长远相互兼顾、减缓适应全面推进，通过节约能源和提高能效，优化能源结构，增加森林、草原、湿地、海洋碳汇等手段，有效控制二氧化碳、甲烷、氢氟碳化物、全氟化碳、六氟化硫等温室气体排放。"在健全生态文明制度体系中就要求推行市场化机制，建立节能量、碳排放权交易制度，深化交易试点，推动建立全国碳排放权交易市场（又称碳市场或碳交易市场）。[②] 然而，目前中国的碳市场体系仍不健全，碳减排或增汇的经济效益仍不能与国际碳市场接轨。有鉴于此，中国已将建立全国统一的碳市场作为经济体制改革和生态文明体制改革的重点任务。

近年来，碳排放权交易市场[③]逐渐成熟，参与国不断增多、市场结构多层次化、市场规模迅速扩大。当前及今后一段时期，全球碳交易市场将不断扩大，制度不断健全，而中国的碳交易潜力与碳市场规模很大，碳市场的经济价值与社会价值很大。民族地区碳资源富集，碳汇潜力大。民族地区参与碳交易，有利于优化减贫模式，挖掘生态正外部效益，减小碳排放负外部效应，共享资源开发成果，实现共同富裕。因此，探索减贫和碳减排相结合的生态文明制度建设新模式，有助于将脱贫攻坚任务与五大发展理念有机结合起来，而碳交易或许能在某种程度上为完成新时代民族地区脱贫攻坚全面建成小康和生态文明建设实现可持续发展这两大任务开辟新的道路。

---

① 全称为《联合国气候变化框架公约的京都议定书》，是世界上第一部带有法律约束力的国际环保协议。由联合国气候大会于 1997 年 12 月在日本京都通过，故称作《京都议定书》，为《联合国气候变化框架公约》的补充条款。

② 《中共中央 国务院关于加快推进生态文明建设的意见》，国务院公报，2015 年第 14 号。

③ 碳排放权交易市场是利用市场机制获得低成本减排的有效手段和减少温室气体排放量、提高资源能源利用效率及应对全球气候变化的有力途径。碳排放权交易被认为是适应经济发展和环境保护的一种有效的减排工具，逐渐被越来越多的国家所采纳。

二、研究目的与意义

　　民族地区发展的优势在于资源，矛盾也在于资源。民族地区作为基础能源和原材料供应地，资源开发既促进了地方经济的快速发展，又为我国经济社会的发展做出了重要贡献，但是资源开发利用的效率低，各种污染物被排放，加上资源开发利益分配问题，引发了一系列经济、社会与环境问题。例如，经济发展方式粗放、产业单一、失业与贫困、资源依赖、生态退化、环保压力大、社会维稳压力大等问题，经济社会发展总体落后，处在尴尬的"富饶的贫困"之中。正如《增长的极限》一书中所说，在富裕世界里，增长被视为增加就业、提高流动性以及技术进步所必需的，在贫困世界里，增长被视为摆脱贫困的唯一出路，增长能解决一些问题，但同时又会产生其他一些问题。① 民族地区拥有丰富的能源、资源优势，具有极强的经济发展资源基础，但是自然资源并不是经济增长的充要条件，只有合理利用和管理自然资源才能起到支持经济增长的作用。②

　　从已有的研究看"富饶的贫困"，其中的"富饶"有多种类型、多个层次。本书尝试从一个新的角度，即"碳"视角，研究民族地区"碳富集"与贫困之间的关系，思考富集的资源为什么没有成为民族地区经济与社会发展的强大动力，有别于传统理论上的"资源诅咒"假说（自然资源对经济发展的阻碍作用，它的发生需要一定的条件与机制）。相较于"资源诅咒"假说，本书的研究对象更细、更具体，并在内容上有一定的延伸。因此，本书的研究具有多方面的意义。

　　第一，理论意义。将模糊的外部性理论在民族地区减贫实践中具体化，通过碳交易减少碳贫困，深化减贫理论。以外部性理论为指导，探讨民族地区自然资源开发利用中出现的外部性影响（主要表现为：企业在进行资源开发利用时的成本小于社会成本，环保主体的私人收益小于社会效益）。以碳交易市场的构建为中心，为资源富集的民族地区解决资源开发利用中的外部性

――――――――――

　　① 德内拉·梅多斯,乔根·兰德斯,丹尼斯·梅多斯.增长的极限[M].李涛,王智勇,译.北京:机械工业出版社,2013.

　　② 李忠斌,雷召海,李海鹏,等.民族经济学[M].北京:当代中国出版社,2011.

问题提供思路。因市场经济的外部性影响造成大量碳排放，使生态环境压力增大而出现生态失衡，那么民族地区的"绿水青山就是金山银山"将如何实现呢？政策性市场（碳交易市场）通过赋予生态资源经济价值，使市场经济主体的生产成本差异化，通过市场调节资源再次分配，从而解决资源环境问题中的市场外部性问题。

第二，实践意义。将碳交易制度建设的实践与生态文明制度建设、民族地区的减贫相结合，使得碳交易的应用更广泛，减贫的思路进一步拓宽。以全国碳交易统一市场的建立为契机，结合中国在国际碳交易市场中的地位，探讨碳交易的综合效益。碳交易在碳减排、减缓温室效应、维护生态平衡方面可以发挥重要作用。通过碳交易促进民族地区 CDM 项目①建设，以市场化的方式引导资金、技术与先进的管理理念流向民族地区，促进区域协调发展；通过碳交易引导资金和技术进入节能减排、生态环保项目，让项目的参与者获得额外的收益；通过碳交易引导贫困户参与 CDM 项目建设，促进可行能力的提高，增加非农收入，促进民族地区减贫。

第三，学术意义。本书将可行能力理论、外部性理论与脱贫攻坚的实践相结合，提出新的概念，尝试从新的视角认识贫困问题，思考民族地区减贫新方式。以民族地区的"碳富集"为基础，从地区及人的发展权利与能力角度思考贫困问题，提出"碳贫困"新概念。以资源开发利用中的外部性影响探讨碳贫困的主要表现形式、致贫机制及减贫方案，使减贫的思路与方法更具"亲民性""益民性"。探索减贫和碳减排相结合的新模式，思考怎样才能既实现绿水青山与金山银山的统一，又惠及当地，增加群众就业，促进百姓增收，让他们共享改革发展成果，从而为民族地区脱贫致富与全面建成小康社会建言献策。

总之，在反贫困的理论研究和反贫困实践中，人们对贫困问题的理解既有共识又有争论。贫困涉及经济、社会、历史、文化、心理和生理等多个方面，学科背景不同的研究者通常会从不同的角度理解贫困问题。因此，对贫困问题的研究显得丰富多彩。本书试图从一个新的起点、新的视角、新的思路，多学科融合地探讨民族地区的贫困问题，思考民族地区可持续性减贫的新方式，实现各民族共同繁荣。

---

① CDM 项目，即清洁发展机制（Clean Development Mechanism）项目。

三、研究思路、技术路线、研究方法与主要研究内容

（一）研究思路

目前学术界对于贫困问题的认识已从收入视角的单一贫困定义转向多维贫困定义。政府主导的扶贫开发逐渐向政府、社会、市场协同推进和强调贫困人口主体性的参与式扶贫转变，从个体和社会结构出发的社会学理论为反贫困研究提供了新的视角和方法。[①]

民族地区"富饶的贫困"问题突出。本书尝试从一个新的视角，将"富饶"的对象具体化为"碳"。从"碳"视角研究民族地区"碳资源富集"与贫困之间的关联。本书的研究将遵循从理论到实证，定性分析与定量分析相结合的思路。以民族地区的资源禀赋为出发点，通过新的"碳"视角研究六盘水市与恩施州两个典型市（州）富饶的资源开发利用及生态环境保护与贫困问题的联系（图1.1）。基于碳资源禀赋、发展的差距与不平等，以民族地区同步实现小康为目标，对民族地区贫困问题的研究侧重于从地区及人的发展权利与能力的角度，探讨"碳"资源开发与生态环境保护外部性影响下的致贫原因、致贫机理，并指出碳贫困的特点、类型与应用，思考碳交易减贫的新方式。更进一步，从权利与可行能力角度分析致贫原因，在生态良好发展受限与资源开发利用导致生态被破坏的民族地区，运用外部性理论将碳汇与碳排放这看似对立的两面统一起来，构建资源开发利用中碳汇、碳源外部性与贫困之间的联系，进一步缩小"富饶的贫困"的研究领域，并将这种"富饶的贫困"概括为"碳贫困"，从而提出思考贫困问题的新角度。民族地区的碳贫困可以被看作一种特殊类型的贫困，是一种间接贫困。围绕民族地区"碳贫困"这个中心，以外部性理论为核心探讨致贫原因；以"政府创造，市场运作"的碳交易为重要依托，探讨民族地区碳交易减贫的新思路、新方式、新标准，计算碳储量与碳排放量，量化标准，为市场化的生态补偿提供参考标准。通过碳交易实现民族地区减贫方式的市场化，以市场化的方式量化生

---

① 黄承伟,刘欣."十二五"时期我国反贫困理论研究述评[J].云南民族大学学报(哲学社会科学版),2016(2):42-50.

态建设在区域发展中建设者的利益与受益者的责任，促进扶贫资源来源的多样化，加大扶贫投入的力度，提升扶贫政策的精准度与群众的满意度，实现民族地区同步全面建成小康社会，实现各民族的共同繁荣。

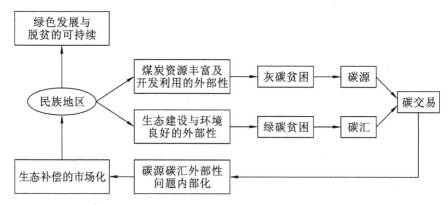

图 1.1　碳贫困问题的产生与破解构想图

（二）技术路线

本书的研究遵循"问题提出→文献综述→理论探讨→宏观把握与微观分析→案例研究→对策思考"的研究框架与逻辑关系，具体的研究技术路线如图 1.2 所示。

（三）研究方法

本书的研究方法总体上遵循由面到点，由点及面，由抽象到具体，由理论到实践的思路。将规范研究和实证研究相结合，将定性分析与定量分析相结合，将普遍问题和典型案例相结合，把握贫困问题的一般规律与特殊规律，与时俱进地探究致贫原因，力求深入、全面地认识贫困问题，做到研究成果既有较强的理论意义，又有较强的实践指导意义。

本书的主要研究方法有：

（1）文献资料法。利用文献检索工具，检索、查阅大量有关碳排放、碳汇、资源开发利用、生态环境保护、碳交易、贫困问题的资料。利用学校图书馆的馆藏图书，阅读与本研究相关的专著和论文。把握民族地区贫困问题

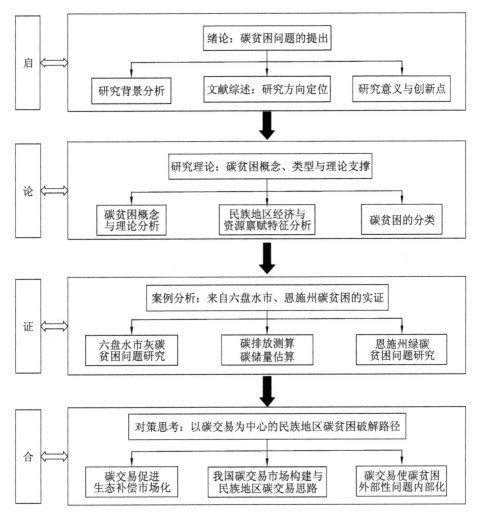

图 1.2　研究技术路线图

的一般性规律与特殊性规律，特别是资源开发利用、生态环境保护与贫困之间的关联。对国内外碳交易的状况，中国碳交易市场建设以及碳交易的典型案例进行梳理，深入认识碳交易，探究碳交易对于破解碳贫困问题的作用与意义。

（2）归纳总结法。以文献资料为基础，围绕研究对象，通过归纳、总结煤炭资源开发利用、生态环境保护外部性问题和发挥人的权利与能力之间的关系，发现碳贫困问题发生的一般性规律与特殊性规律，把握碳贫困发生、发展的规律，从而为破解碳贫困问题提供创新性思路。

（3）案例研究法。根据碳贫困的不同类型，以煤炭资源丰富的贵州六盘水市为灰碳贫困问题研究的案例，以生态资源富集的湖北恩施州为绿碳贫困问题研究的案例。在碳交易与碳减排的 CDM 项目实践中，以六盘水市的煤层气资源开发利用、内蒙古辉腾锡勒风电场风力发电、青海省太阳能光伏发电、恩施州的户用沼气发展项目、蒙恩林业公司与东风公司碳汇造林为案例。

（4）田野调查法。鉴于本书的具体内容鲜有人研究，除了要进一步概括和提炼研究理论、研究对象、研究方法外，还要前往火电生产企业、煤炭生产企业、造林公司的生产一线展开调研，深入农村的田间地头，到农户家中与农民进行面对面的交流，以获取大量的感性认识，凝练"碳贫困"这个新命题。在贫困问题众多的研究对象和繁多的研究视角中，对碳贫困进行甄别、定义、分类与量度，由感性认识到理性认识，由抽象到具体，有条理地认识碳贫困问题，分析碳贫困问题，解决碳贫困问题。

（5）问卷调查法。针对本书的案例研究，在恩施州宣恩县晓关侗族乡卧西坪村、铜锣坪村开展"林业碳汇利益相关者项目认知程度"的问卷调查。在恩施市三岔乡开展"户用沼气利益相关者项目认知程度"的问卷调查。通过问卷获取第一手资料，以贫困农户为碳贫困问题研究的点，通过问卷了解贫困农户对碳汇项目开展的认知、实效与建议，从贫困农户的角度认识碳贫困问题，实现碳贫困问题破解对策的"亲民性"与"益民性"。

（四）主要研究内容

本书研究的主要内容包括以下六个部分：

第一部分，引言。首先从四个方面介绍本书的研究背景，指出本书研究的目的与意义。然后图文并茂地介绍研究思路、技术路线、研究方法与主要研究内容。最后指出本书的创新与不足之处。

第二部分，文献综述、相关概念界定与理论基础。此部分是本书的研究基础，通过概念界定，从面上认识研究对象，重点在于对新概念"碳贫困"的界定。通过对与本书论题相关的问题进行文献综述，明确相关问题的研究历史、研究方法、研究进展，以及各种问题之间的区别与联系，为后续相关问题的研究奠定基础。关于碳贫困与碳交易问题研究的理论基础，分别从外部性理论、"两山"理论、资源禀赋理论、可行能力理论、"两个共同"理论这五个角度进行论述，尝试将这五个理论构建成一个相互联系的整体，作为新的重要理论来指导"碳贫困"研究的具体实践。

第三部分，分析民族地区碳资源禀赋与碳贫困成因。民族地区的贫困主要表现为区域性整体贫困，与东部发达地区相比较，民族地区在经济社会发展方面相对滞后，各民族在发展程度上有较大差距且由此造成了事实上的不平等。基于发展的差距与不平等，本书研究民族地区贫困问题的重点在于探讨资源开发利用与生态环境保护两者看似对立条件下的致贫原因。这是围绕"碳"资源开发利用与生态环境保护而形成的一种间接贫困，并指出了碳贫困的特点、类型与应用，尝试着思考碳交易减贫的新方式。

第四部分，案例研究。以贵州六盘水市和湖北恩施州为碳贫困问题的具体研究对象。在外部性视角下探讨煤炭资源开发利用中六盘水市灰碳贫困成因、特点与主要表现，通过碳排放的测算，量化碳源，将煤炭资源开发利用中碳排放负外部性抽象化的影响具体化。重点关注了煤炭资源开发利用对生态环境的外部性影响，搬迁对农民生产生活的外部性影响，煤炭资源开发利用中的煤层气抽采碳减排效益，并提出了六盘水市应对灰碳贫困问题的基本思路。在外部性视角下探讨生态环境保护大背景下湖北恩施州绿碳贫困的成因、特点与主要表现，通过碳储量的估算，量化生态保护的碳汇价值，将生态环境保护中的碳汇正外部效应具体化。重点关注了林业碳汇、户用沼气CDM项目对生态环境的保护和对农民生产生活的外部性影响，并提出了恩施州应对绿碳贫困问题的基本思路。通过研究这两个典型案例来认识两种不同类型的碳贫困，即"灰碳贫困"与"绿碳贫困"，针对这两种看似对立实则可以统一的碳贫困问题提出减贫的具体方式，即以制度创新通过碳交易应对碳贫困问题。

第五部分，介绍世界碳排放市场的结构及发展状况，梳理中国统一碳市场建设的进展与成效，论证中国碳交易市场构建的紧迫性、必要性与可行性。以归纳总结当前民族地区精准扶贫取得的成效与存在的困境为基础，指出虽然民族地区的精准扶贫取得举世瞩目的成绩，但是面对"碳资源富集的贫困问题"，生态建设与脱贫攻坚的任务依然十分艰巨，提出民族地区的精准扶贫方式与模式需要适时优化。基于此，论述民族地区参与碳交易的必要性，促进生态环境良好的民族地区将碳储量变为碳资产，促使碳排放量大、生态环境保护任务重的民族地区将能源资源变为资产，从而改善民族地区居民的生产生活环境，提高他们的可持续发展能力，助力少数民族群众脱贫致富（以案例的形式展示）。最后，以恩施州户用沼气和碳汇林项目建设为个案，指出民族地区参与碳交易存在的现实性问题。同时，指出民族地区参与碳交易存在的一些普遍性问题。

第六部分，从碳交易项目的培育、碳汇潜力的挖掘、贫困群众可行能力的提高、新发展理念的选择等方面，提出破解民族地区碳贫困问题的对策建议。主要有：减碳源，促使传统能源开发的转型升级，维护民族地区贫困群众的发展权；增碳汇，促使生态环境保护的责任共担，拓展民族地区贫困群众的发展权；通过碳交易促使资源开发利益共享，责任共担，实现民族地区碳贫困问题外部性的内部化；最终在绿色发展理念的引领下，走绿色发展道路，实现"绿水青山与金山银山的有机统一"，破解民族地区碳贫困问题，促进民族地区与其他地区共同繁荣。

四、本书的创新与不足之处

（一）本书的创新之处

（1）本书研究的视角新。目前学术界，以及学术论文与论著中研究"富饶的贫困"这一课题的很多，关注的重点区域在西部地区，研究的焦点在于矿产、能源资源的开发。关于"富饶"的对象描述比较抽象，而本书将"富饶"具象化为"碳"。即在"富饶的贫困"思想下，从"碳"视角探讨民族地区的贫困原因，探索"碳"资源的开发利用、"碳"资源交易的途径与方式，发挥碳交易在民族地区扶贫中的重要作用，重点在于提升民族地区及贫困人口的发展权利与能力，以优化精准扶贫的模式，思考民族地区同步全面建成小康社会的新思路。

（2）本书提出的概念新。在分析民族地区的区域碳资源禀赋特点、致贫原因的基础上，参考学术界对水贫困的已有研究成果，提出并论述了新的概念"碳贫困"。将"碳贫困"分为"灰碳贫困"与"绿碳贫困"两种类型，并对"灰碳贫困"与"绿碳贫困"的特点与成因进行了分类论述。论证了灰碳贫困中煤炭等资源开发利用对区域生态环境、周边群众生产生活负外部性影响的客观存在（计算了六盘水市的碳排放量）；还论证了绿碳贫困中碳汇价值大

（测算了恩施州四种碳汇的碳储量），生态环境保护的正外部效应显著等。

（3）本书理论运用的方法新。运用外部性理论将民族地区资源开发利用与生态环境保护中的碳源、碳汇这两个对立统一起来。尝试通过碳交易这种市场化的方式促使碳源、碳汇外部性问题内部化，重在讨论资源开发利用或被限制开发中，对地区发展能力和人的权利与能力的外部性影响，探索民族地区摆脱碳贫困、实现绿色可持续发展的新途径。

（4）本书研究的结论新。精准扶贫在取得举世瞩目成绩的新形势下，面对民族地区脱贫攻坚的艰巨任务，面对"碳资源富集的贫困"问题，精准扶贫的方式与模式必须适时优化。以政府为主导的扶贫与生态补偿模式，难以解决资源开发利用与生态环境保护外部性影响下民族地区的碳贫困问题。将碳交易作为一种市场化的生态补偿模式，提高生态补偿的效率，提升生态补偿的精准度。通过碳交易激活民族地区的"碳"资源，引入更多的市场资源要素参与民族地区的扶贫。以碳交易创新横向生态补偿机制，强化东西部协作扶贫，以优化精准扶贫模式应对民族地区的碳贫困问题。

（二）本书的不足之处

（1）对于碳贫困的认识还不够全面。由于碳贫困是新问题、新视角与新事物，因此本书对它的认识还不够全面、不够深入，直接支撑本书观点的材料也不够丰富。

（2）本书在民族经济问题研究的点与面上需要进一步融合。本书研究内容、研究对象跨度大，涉及的点多、面广，多点、多对象之间的融合还不够，还需深度挖掘契合点。同时，本书还涉及文科与理科之间跨学科的研究，对于一些理科的研究对象、研究方法的认识与运用还不够透彻，需要进一步完善。

（3）本书以贵州六盘水市、湖北恩施州为案例探讨民族地区的灰碳贫困和绿碳贫困问题，研究案例的区域具有一定的局限性。案例的特殊性与局限性不一定能反映一般性问题，但是矛盾的普遍性寓于特殊性之中。本书试图以外部性理论为重要基础，通过对特殊案例的研究，反映碳贫困的一般性规律。

（4）囿于科研条件以及相关资料的可获得性，本书在两个案例研究中，对六盘水市碳排放的测算和对恩施州碳储量的估算不一定精确。虽然各种测算方法具有一定的适用性，但是也存在一定的不足。即使其数值不一定精确，但是仍具有一定的说服力与解释力。

（5）本书的研究理论与研究对象均具有模糊性，研究理论与实践需进一步整合。本书以外部性理论为基础研究碳贫困问题，模糊的理论、新的研究领域，使得本书的研究存在很大的难度。本书研究需要的数据获取困难，已有数据支撑论点的力度还不够。在调研中，民族地区常年外出务工的农民多，留在农村的多为老人和小孩，其文化程度普遍不高，做问卷的难度较大。

（6）本书提出以碳交易为主要途径解决民族地区碳贫困问题的对策建议仍需实践的进一步检验。作为一种市场化的减贫途径，虽然在地方实践中取得了一些成效，但是其减贫的比较优势仍需历史实践的检验。因此，本书对于解决碳贫困的对策建议不一定完善，还有待未来实践的检验。

从总体上看，以能源和生态资源开发利用为中心，民族地区经济与社会发展的规律既有其普遍性又有其特殊性。关于本书研究不足中的第（2）点和第（3）点，其中民族经济学就是研究各民族的经济问题，民族经济问题是一个特殊的存在，民族经济的分析本质上是一个总体性的分析，民族经济学的研究与发展有赖于更多学科、更多学者的参与。[1]

---

① 陈庆德,潘春梅.民族经济研究的理论溯源[J].民族研究,2009(5):44-51,108-109.

第二章 文献综述

一、国内外有关水贫困的研究

由于"碳贫困"是本书提出的新概念，与此内容直接相关的研究几乎没有。然而，与此主题类似的研究比较多。因此，本书通过类比，从水贫困问题的相关研究中，找到研究"碳贫困"问题的切入点、思路与方法。最早对水贫困问题展开研究的是国外学者。对于水贫困，Elias Salameh（2000）给出的定义为，某一地区的人口为了家庭生活和食物生产所需水资源的可获得性（丰富程度或者匮乏程度）。[①] 该定义的关注点在于水资源的可得性，但是没有考虑水资源利用难的社会原因。也有人将水贫困定义为一个国家或者地区的人们在任何时候都负担不起可持续清洁水供应费用的一种状况。[②] 该定义将水贫困的内涵进一步延伸，将提供清洁水的成本与国家负担该成本的能力这两者有机联系起来，进而引导人们将水贫困与生计资本、生计能力联系在一起。

对水贫困研究的突破性进展源自 2002 年 Caroline Sullivan 和 Peter Lawrence 两人发表的有关水贫困的系列论文与研究报告，这些研究成果一度引起了国际学术界对水贫困问题的广泛关注。Caroline Sullivan（2002）将水

---

① SALAMEH E.Redefining the water poverty index[J].Water International,2000,25(3):469-473.

② FEITELSON E,CHENOWETH J.Water poverty: towards a meaningful indicator[J].Water Policy,2002,4(3):263-281.

贫困定义为一个社会难以获得充足而稳定水资源供应的状态。[①] Peter Lawrence 等人（2002）则认为，人们之所以会产生水贫困，是因为难以获得水和收入。[②] 这两种说法表明了水贫困、水供应与居民收入三者之间的密切联系。James Cullis 和 Dermot O'Regan（2004）的定义则更加精辟：水贫困就是获得水资源的能力缺乏或者利用水的权利缺乏。[③] 这一定义揭示了水贫困的深层次原因，水贫困不仅在于水资源短缺，也在于用水者能力不足，还涉及水资源的利用与管理。在对水贫困定义的探讨逐步深入的同时，国外学者对水贫困相关影响因素与指标体系的构建也进行了研究。

牛津大学研究员 Caroline Sullivan（2003）提出了 WPI 指数（water poverty index），其中包含了水资源状况、利用能力、供水设施、使用效率和水资源利用对生态环境的影响五个方面，能够定量评价不同尺度范围内的相对缺水状态。[④] 随后，英国牛津大学地理学院生态与水文研究中心（center of ecology and hydrology）提出了水资源财富指数（water wealth index）和气候脆弱性指数（Climate Vulnerability Index）。[⑤] 这两个指数从增加粮食、健康、生产力状况等因素的角度丰富了水贫困理论。AD-KINS Phil（2007）建立了加拿大的水资源可持续利用指数（Canadian water sustainability index），使得水贫困理论得到了进一步应用。由此，国外学者对水贫困定义与评价指数的研究逐步深入，水贫困成为一个多维度的综合性问题。

国外学者对水贫困的定义、评价指标体系展开了系列探讨，国内学者则开展了水贫困问题的系列实证研究。何栋材（2009）为了弥补传统水资源评

① SULLIVAN C.Calculating a water poverty index[J].World Development,2002,30(7):1195-1210.

② LAWRENCE P, MEIGH J, SULLIVAN C. The water poverty index: an international comparison[R].Keele Economics Research Papers KERP Centre for Economic Research, Keele University，2003:1-17.

③ CULLIS J,O'REGAN D.Targeting the water-poor through water poverty mapping[J].Water Policy,2004(6):397-411.

④ SULLIVAN C A, MEIGH J R, GIACOMELLO A，et al.The water poverty index: development and application at the community scale[J].Natural Resource Forum,2003,27(3):189-199.

⑤ KRAGELUND C, NIELSEN J L, THOMSEN T R，et al. Ecophysiology of the filamentous alphaproteobacterium meganema perideroedes in activated sludge[J]. FEMS Microbiology Ecology,2005(54)：111-122.

价的不足，根据水贫困的概念，引入英国牛津大学地理学院生态与水文研究中心开发的 WPI 综合指数方法，利用多级指标体系，测量了甘肃省张掖市甘州区的水贫困现状。[①] 王雪妮、孙才志、邹玮（2011）认为：水贫困与经济贫困在我国大部分地区的耦合度较高，其中的规律是水贫困与经济贫困的整体水平由西到东逐渐变好，水贫困与经济贫困共生，某区域水贫困程度越高，其经济贫困程度也越高。[②] 孙才志等（2012）的研究构建了我国农村水贫困测度评价指标体系，从中勾画出我国农村地区高水贫困、中水贫困、低水贫困的三种格局。我国西北地区存在着严峻的水贫困与经济贫困问题，成为制约经济社会发展的瓶颈，孙才志指出，这些地区要将治理水贫困的政策与扶贫开发的项目相结合。[③] 孙才志等（2014）指出，水资源短缺问题是制约我国农村经济社会可持续发展的一个重要因素。其构建农村水贫困灾害风险评价指标体系的研究表明：我国水贫困风险从东南向西北农村地区逐步加剧。[④] 孙才志、董璐、韩琴（2015）指出：农村水资源短缺是制约我国粮食安全的瓶颈。农业水资源的自然、社会、经济属性，准公共物品属性等特征导致农村水资源管理出现低效与无序的问题，从而使农村水贫困问题进一步恶化。水贫困问题成为水资源开发利用制度长期滞后于水资源需求的产物。与资源性贫困问题相比较，其更多地表现出制度性贫困。有鉴于此，孙才志等在研究的最后提出从制度安排、公共政策及经济社会调节等方面，构建中国农村水资源援助战略体系，并提出了中国农村水资源援助战略相应的实施对策。[⑤] 在区域水贫困案例研究中，刘广烈（2018）分别从环境、能力、设施、资源以及使用五个方面，利用水贫困理论建立综合评价指标体系，运用熵权法改进的 TOPSIS 法综合评估了 2008—2016 年大连市水贫困状况，利用障碍度模型深

---

①　何栋材.水贫困理论及其在内陆河流域的应用：以张掖市甘州区为例[D].兰州：西北师范大学,2009.

②　王雪妮,孙才志,邹玮.中国水贫困与经济贫困空间耦合关系研究[J].中国软科学,2011(12)：180-192.

③　孙才志,汤玮佳,邹玮.中国农村水贫困测度及空间格局机理[J].地理研究,2012(8)：1145-1155.

④　孙才志,董璐,郑德凤.中国农村水贫困风险评价、障碍因子及阻力类型分析[J].资源科学,2014(5)：895-905.

⑤　孙才志,董璐,韩琴.水贫困背景下中国农村水资源援助战略研究[J].水利经济,2015,33(1)：37-43.

入剖析了障碍因子。其研究对于促进大连水资源优化配置及可持续利用具有重要意义。①

综上可知，水贫困的研究由国外引入，通过构建与运用有关指标体系、测评体系，评价水贫困，研究重点在于水贫困的地理分布格局、水贫困评价、发生规律、产生的影响与应对措施等。孙才志、吴永杰、刘文新（2017）为克服水贫困一般评价模型存在的不足，将基于因果关系的 DPSIR 模型和 PLS 结构方程模型相结合，构建了中国水贫困评价指标体系和框架模型，并测算了 2003—2014 年我国大多数省（自治区、直辖市）的水贫困现状。结果显示：我国水贫困状况逐渐向"俱乐部收敛"转化，整体呈现出良好发展态势；水贫困类型出现跨越式发展，但流动性较低；不同省区出现严重水贫困、较严重水贫困、中度水贫困和微水贫困集聚的现象。

水贫困基于一般性的贫困理论，将水资源开发、利用和管理以及人们利用水资源的权利与能力和生计影响有机结合起来，张华、王礼力（2018）将农业水贫困定义为：以区域水资源禀赋为基础，综合考虑经济、社会共同作用下农业生产活动取水、用水、治水、护水行为共同作用的能力或权利欠缺的一种状态。② 由此，专家学者的研究将最初的水资源短缺问题从水文工程领域扩展到农村与农业以及社会经济的各个领域，为集成的水资源利用与管理研究提供了全新的视角。有关水贫困的研究，由概念界定、类型划分、理论研究、案例分析发展到对水贫困的发生规律、空间分布、评价模型的构建以及实证应用的研究。

二、从资源开发中人的权利能力视角解释贫困原因的研究

贫困问题是一个涉及政治、经济、历史、文化、资源、环境等多种因素的综合性社会现象。从某种程度上看，没有一个贫困理论能够全面地勾画出贫困的全貌。因此，对民族地区以及少数民族贫困的解释也存在不同的理论和视角。

① 刘广烈.基于贫困理论的大连市水贫困状况综合评估[J].黑龙江水利科技,2018,46(12):61-65.
② 张华,王礼力.灾害风险视角下的陕西省农业水贫困时空分异研究[J].干旱区资源与环境,2018(5):33-38.

贫困不仅是经济层面收入水平的低下，更是贫困主体可行能力的缺失。印度著名学者阿马蒂亚·森在其著作《贫困与饥荒》一书中就提出从权利的角度分析贫困问题，贫困的社会根源在于权利被剥夺。他认为："贫困必须被认为是对权利的剥夺，而不仅仅是收入低下。"他在论述孟加拉邦大饥荒时，论述了饥荒发生的背景、发展的阶段，以及主要粮食大米的生产、价格、供给与需求后，认为出现饥荒、贫困群众被饿死的情况，不是因为大米短缺，而是因为贫困群众没有足够的收入，无力购买大米。① 这一实例也验证了：一个人出现了挨饿状况，要么是因为他没有获得支配食物资源的能力；要么是因为他放弃运用这种权利与能力而出现权利与能力的贫困。孟加拉邦大饥荒显然是前一种情况。这个案例从人的权利与能力视角解释饥荒产生的原因。

周明海（2009）从权利与能力的视角论述了贫困问题，他认为：可行能力理论有助于说明贫困的根源在于能力不足，而能力不足又是权利贫困的重要原因。权利需要人的可行能力去支撑才能为人们所正常获得与享受，没有可行能力的重要支撑，其权利通常会受到损失而处于权利贫困的状态。培育农民的可行能力，消除农民权利贫困则是消除农村贫困的重点。② 更加注重贫困农民可行能力的培育，其实质是精准扶贫模式由"输血式"向"造血式"的思路转变。程志强（2009）的研究数据显示，煤炭资源开发地区的城镇居民人均可支配收入、农村居民人均纯收入、人均社会商品零售额均低于全国水平。他指出：煤炭资源开发地区人民生活水平不高，贫困问题突出。部分中西部煤炭资源开发地区还存在很多国家级贫困县，如贵州的毕节、六盘水，陕西的榆林，山西的忻州、吕梁等地区，这些地区的显著特点是贫困发生率比非资源型城市的更高。③ 这在一定程度上印证了资源开发利用的负外部性影响制约区域经济社会发展。贺震川（2011）认为：资源开发的负外部性和资源产权制度的缺失是中国西部地区"资源诅咒"的根源。对于其中的根源，他运用外部性理论做了相应的解释。基本原理是，资源开发利用过程中存在的代内外部性与代际外部性问题没有内部化，使得西部省份的财政收入相对

---

① 阿马蒂亚·森.贫困与饥荒[M].王宇,王文玉,译.北京:商务印书馆,2004.

② 周明海.农民权利贫困及其治理:基于阿马蒂亚·森"可行能力"视角的分析[J].甘肃理论学刊,2009(5):78-81.

③ 程志强.破解"富饶的贫困"悖论:煤炭资源开发与欠发达地区发展研究[M].北京:商务印书馆,2009.

较低，进而导致西部基础设施、教育和科研的投入不足，最终引发西部地区的"资源诅咒"。[①]

徐承红（2015）从经济发展模式方面考虑如何缓解自然资源开发利用对贫困群众权利与能力的束缚。她指出：西部地区发展低碳经济有助于改善贫困状况和生态环境，缓解自然条件对脱贫的约束；缓解能源约束，提高贫困地区居民生活质量；提高人口质量，增加就业机会；为贫困落后地区发展带来资金；提高西部地区人民的收入水平。[②] 因自然资源开发给地区发展权带来的外部性影响，尹璐等（2016）对长江和珠江水系分水岭的煤炭资源型城市六盘水市进行了研究，研究表明：采煤活动诱发地质灾害，造成南部煤矿区土壤侵蚀较严重，尤其是私营煤矿区水土流失程度比国有企业煤矿区的严重。若长期、大面积的区域性水土流失难以及时地被控制，势必会导致流域内河床升高和河道淤积，危及下游水资源安全，不仅会给当地造成经济损失、生态破坏，还会对下游群众的用水安全和生命财产安全造成不利影响。[③] 李海东等（2016）指出我国西部地区是重要的国家生态安全屏障，但是矿产资源开发造成矿山土地被毁损、生态完整性被破坏、水土流失、土地沙漠化和环境被污染等生态环境破坏问题，在一定程度上成为制约区域经济社会可持续发展的重要因素。[④]

自然条件差、资源稀缺是少数民族和民族地区贫困的常见解释，在现实生活中，也确实从基础上影响了少数民族贫困群众进一步发展的能力。但是，不能将原因仅仅归于环境恶劣、资源短缺，比如，那些处于相似条件下的非少数民族的贫困发生率就明显低于少数民族。此外，那些拥有丰富森林资源、矿产资源、水电资源、旅游资源的少数民族仍有处于贫困之中的，为什么会出现这种"富饶的贫困"呢？汪三贵等（2016）认为：从权利和历史的角度阐述少数民族贫困的原因和现有政策对少数民族的影响，则有比较强的说服力和解释力。[⑤] 岳映平、贺立龙（2016）也认为，能力贫困是一个比收入贫困

① 贺震川.中国西部地区"资源诅咒"现象研究[D].杭州：浙江大学,2011.

② 徐承红.西部地区低碳经济发展研究[M].北京：人民出版社,2015.

③ 尹璐,闫庆武,卞正富.基于 RUSLE 模型的六盘水市水土流失研究[J].生态与农村环境学报,2016(3)：389-396.

④ 李海东,沈渭寿,卞正富.西部矿产资源开发的生态环境损害与监管[J].生态与农村环境学报,2016(5)：345-350.

⑤ 汪三贵,张伟宾,杨龙.少数民族贫困问题研究[M].北京：中国农业出版社,2016.

更加精准的概念，它不仅包括收入贫困，还比收入贫困更加能够反映和揭示贫困的内在本质特征。因此，精准扶贫应该建立在贫困内生性概念——能力贫困的概念之上。① 莫光辉（2017）就指出：贫困人口的能力建设与素质提升一直都是扶贫的关键所在，民族地区的贫困问题在能力问题上表现得更加突出。若忽视贫困群众的能力建设与素质提升，将会在我国现代化建设中消耗更多的时间与资源成本，自我发展能力的不足，更使得少数民族地区的群众陷入低收入—低投入—低能力—低收入的恶性循环。② 对此，郭劲光、俎邵静（2018）提出：贫困农民内生发展能力存在多个维度的缺失，形成贫困再生产机制，使农民陷于贫困代际传递和恶性循环，难以脱贫。参与式扶贫发展模式是实现贫困农民脱贫的有效路径，其要旨在于强调全面提高农民的内生发展能力，以建立可持续发展的扶贫机制。③

民族地区的贫困问题既具有贫困的一般特征，也有其民族及地域的特殊性。与此同时，民族地区致贫原因同样具有一般性和特殊性。从已有的文献研究看，致贫原因总体上可以归纳为缺资金、缺技术、缺劳动、缺土地、缺水、因学、因婚、因病、因残、因灾等。少数民族的"五缺五因"是在基础设施以及交通条件落后情况下导致自身发展能力不足的贫困。这些都是直接致贫原因，已有文献中缺乏对贫困问题背后间接致贫原因的深度思考与分析，其实从民族地区生态环境保护、资源开发利用的外部性影响和少数民族权利与能力视角，考虑间接因素致贫的致贫机理，更值得深入讨论与研究。

三、有关碳源、碳交易与贫困问题的研究

根据国家统计局《中华人民共和国 2016 年中国国民经济和社会发展统计公报》的数据，2016 年中国全年能源消费总量达 43.6 亿 t 标准煤，比 2015 年增长 1.4%。煤炭消费量下降 4.7%，原油消费量增长 5.5%，天然气消费量增

---

① 岳映平,贺立龙.精准扶贫的一个学术史注角:阿马蒂亚·森的贫困观[J].经济问题,2016(12):17-20.

② 莫光辉.五大发展理念视域下的少数民族地区多维精准脱贫路径——精准扶贫绩效提升机制系列研究之十一[J].西南民族大学学报(人文社会科学版),2017(2):18-23.

③ 郭劲光,俎邵静.参与式模式下贫困农民内生发展能力培育研究[J].华侨大学学报(哲学社会科学版),2018(4):117-127.

长 8.0%，电力消费量增长 5.0%。煤炭消费量占能源消费总量的 62.0%，较 2015 年下降 2%；水电、风电、核电、天然气等清洁能源占能源消费总量的 19.7%，上升 1.7%。全国万元 GDP（国内生产总值）能耗下降 5.0%。根据计算，每燃烧 1t 标准煤约排放二氧化碳 2.7t，比燃烧石油和天然气每吨多 30% 和 70%。虽然中国煤炭消费量占能源总量的比重下降，但是无论中国清洁能源如何发展，在相当长的时间内煤炭主体能源的地位不会变化，煤炭产业清洁低碳发展将长期是中国经济由"高碳"向"低碳"转型的重要课题。

有关煤炭资源开发利用中碳源及其外部性影响的论述，周宏春（2009）指出，煤炭、石油等稀缺资源，在被开发利用中不仅影响地表生态环境，还释放出二氧化碳和其他有害物质。从保障经济社会可持续发展的角度看，化石能源产品价格既要反映生产成本，又要包括环境成本和安全成本。[①] 吴娟英（2008）则指出，外部性成本（环境补偿成本）主要用于补偿、消除资源开采对环境的损害。应将煤炭开采的矿权取得成本、生态环境恢复治理成本、安全生产成本以及资源枯竭后的退出成本等列入企业成本核算范围。通过外部成本内部化、社会成本企业化，逐步建立起以完全成本为基础、以市场为导向的供需双方协商定价和政府进行宏观调控的煤炭价格形成机制。[②] 刘勇生（2014）指出了煤炭开发负外部性的主要表现：土地沉陷及其对地面建筑设施的损坏、煤矸石山占用土地、自然景观被破坏、地下水系被破坏与污染、安全问题突出（煤与瓦斯突出事故）等。他还指出，煤炭开发补偿的客体有四类，即资源耗竭补偿、生态补偿、环境补偿、安全与健康补偿。[③]

对于以上问题，不仅要从宏观论述，而且要从微观案例去看待煤炭资源开发利用中的碳排放及其外部性影响。煤炭开采和加工中废弃的大量煤矸石、煤泥不仅占用土地，而且直接污染空气和水源，煤炭开采排放的瓦斯、炼焦排放的焦炉煤气，尤其是排放的二氧化硫和二氧化碳等，不仅污染大气环境、破坏生态环境，还对当地农作物造成直接损害。安英莉（2016）以徐州贾汪矿区为例，建立煤矿瓦斯碳源温室效应潜能及区域生态系统碳汇的计算模型，认为煤炭开采过程中瓦斯碳源温室效应明显，煤矿瓦斯是研究区域的主要碳

① 周宏春.世界碳交易市场的发展与启示[J].中国软科学,2009(12):39-48.

② 吴娟英.煤炭资源成本缺失及其补偿政策[J].煤炭经济管理新论,2008,(8):131-133.

③ 刘勇生.煤炭开发负外部性及其补偿机制研究[D].北京:北京理工大学,2014.

源之一，煤炭开采活动削弱了区域生态系统的碳汇能力，煤炭开采活动影响区域生态类型，水域负碳汇影响大幅度增强。[①] Padmanabha Hota 和 Bhagirath Behera（2016）以印度东部地区 Odisha 的煤炭开采为例，分析煤炭开采活动对矿区农村家庭产生的正、负两个方面的影响。研究表明，煤炭开采的正面影响在于直接或者间接向当地人提供了工作的机会，有助于增加金融和物质资本；负面影响在于减少了生态系统服务的供给，使得传统的生计活动（林业、农业和畜牧业）收益较低。为了有效地内化煤炭开采带来的外部性影响和维持当地生态系统，需要将部分再生资源租金投资于自然资本。[②] 对于资源开发中产生的碳源所造成的负外部性影响，相较于政府主导的传统生态补偿方式，碳交易具有明显的优势，而且碳交易市场化减排机制已经得到多数国家和国际组织的认可。谢绵陛（2013）认为，碳交易应该成为中国市场化减排机制的长期选择。[③] 综上所述，从资源禀赋特征出发，考虑到民族地区的贫困与生态环境外部性问题内部化问题，可以将碳交易作为一种市场化的扶贫方式，特别是作为解决民族地区"富饶的贫困"难题的一种尝试。

碳市场起源于《联合国气候变化框架公约》和《京都议定书》，经过不断的产品创新已经发展成为跨国界、跨地区的交易市场。中国在制定相应政策以推动碳减排、推动能源结构调整、促进产业结构升级的同时，从市场角度实现碳减排，关键是要先建立碳交易机制，作为一项"政府创造、市场运作"的行政手段与市场手段相结合的制度安排，是解决环境负外部性问题的重要手段。中国碳市场的建立，既要发展经济、消除贫困和改善民生，又要保护生态环境，还不能为减少温室气体排放而牺牲经济发展。要正确处理碳减排、环境保护与经济发展之间的关系。

排放权交易制度本质上是基于市场的环境政策工具。美国通过碳排放权交易，在空气污染防治方面取得了成效。1990 年，美国《清洁空气法》修正案采用了基于市场的控制策略，在控制二氧化硫排放方面进行排放交易，并取得了成功。据美国总会计师事务所估计，30 年来，二氧化硫排放削减量大

---

① 安英莉.煤炭开采形成的碳源/碳汇分析：以徐州贾汪矿区为例[J].中国矿业大学学报,2016(10):347-354.

② HOTA P,BEHERA B. Opencast coal mining and sustainable local livelihoods in Odisha,India[J].Mineral Economics:Raw Material Report,2016,29(1):1-13.

③ 谢绵陛.碳交易的国际实践经验与启示[J].东南学术,2013(3):67-74.

大超过预定目标,节约了 30 亿美元的治理费用。① 从碳交易的性质与环境政策作用看,李佐军（2011）认为:与一般性的商品市场不同,碳市场是外部性产品市场,需要更加严格的环境条件。它不是自然形成的,而是形成于《联合国气候变化框架公约》和《京都协定书》等的人为规定。② 对于碳市场的作用,成艾华、雷振扬（2011）运用 LMDI 模型对影响民族地区碳排放的因素进行分解,提出有差别化的地区碳减排目标,探索新时期民族地区低碳经济发展的路径选择与制度创新。他们认为:在完善政府财政转移支付制度的同时,应逐步完善生态环境产权机制、交易机制、价格机制,发挥碳交易市场机制在生态环境资源供求中的引导作用,建立有利于民族地区发展的公平的生态利益共享与责任分担机制。③ 许春燕（2012）指出,碳排放权交易不仅是一种环境外部性问题内部化的市场化交易制度,也可以是碳源碳汇外部性问题内部化的市场化交易制度。④ 作为一种新的稀缺品,碳排放权利用市场机制,在交易中合理确定碳排放权价格,从而优化资源配置。

碳交易是运用市场机制推动低碳发展和绿色发展,亦可为贫困地区带来资金与技术。尕丹才让、李忠民（2012）认为,西部民族地区按照国家主体功能区划属于禁止开发区,不但失去了依靠工业发展的机会,而且要为下游地区的可持续发展提供生态屏障,他们获得的补偿仅来源于政府的财政转移支付,而且补助标准偏低,市场化补偿长期缺位,历史欠账太多,生态产品输出人群后续发展及环保工作乏力。碳交易的缘起与快速发展,无疑加快了生态补偿的市场化进程,为民族地区生态保护、富边强民提供了新思路。⑤ 我国中西部省份不应该重复东部沿海省份"先发展,后治理"的老路,矿产资源丰富的中西部省份更应如此。虽然采矿业带来 GDP 高增长,但当地居民的收入没能相应提高,一些地区的环境甚至遭到严重破坏。⑥

① 唐方方.气候变化与碳交易[M].北京:北京大学出版社,2012.
② 李佐军.中国建立碳市场应遵循五个原则[N].中国经济时报,2011-08-18(9).
③ 成艾华,雷振扬.民族地区碳排放效应分析与低碳经济发展[J].民族研究,2011(6):13-20.
④ 许春燕.国际碳交易发展及我国碳市场构建[J].中国流通经济,2012(3):88-92.
⑤ 尕丹才让,李忠民.西部民族地区生态补偿的新思维:碳汇交易的视角[J].广西民族研究,2012(2):156-161.
⑥ 世界银行,国务院发展研究中心联合课题组.2030 年的中国:建设现代、和谐、有创造力的社会[M].北京:中国财政经济出版社,2012.

CDM 项目开发是碳交易的一种重要实践形式。CDM 项目为发达国家和发展中国家提供了双赢的策略，中国作为发展中国家，通过发展 CDM 项目获得先进技术和资金，降低开发成本，利国利民。CDM 项目开发为贫困地区的发展提供资金、技术和新机遇。CDM 项目目前是发展中国家减排投资的最重要来源，虽然目前发达国家减排承诺水平不高，但每年仍然至少有 40 亿美元的碳资金由发达国家流入发展中国家。中国在 CDM 执行理事会成功注册的项目，大多集中在"新能源和可再生能源"领域，也有部分"甲烷回收利用""节能和提高能效""造林和再造林"项目。季曦、王小林（2012）则认为，帮助贫困地区进行 PCDM（program-matic CDM）项目开发，有利于扩大贫困地区的碳融资规模。[①] 齐绍洲、黄锦鹏（2016）指出：在全国碳交易体系的设计中，将碳交易市场和生态补偿及扶贫开发相结合，既能促进资源丰富但经济欠发达地区的绿色低碳发展，又能推动这些地区的精准扶贫。[②] 扶贫不仅要实现经济增长，还要实现生态、社会和人的全面可持续发展。对于民族地区的特殊贫困与丰富的碳资源、多样化的生物资源，则要结合生态保护、低碳产业发展以及碳交易机制，从绿色可持续发展角度进行减贫。

四、有关碳汇、碳交易与贫困问题的研究

陆地生态系统储存的总碳量约 99.9% 存于植物体中，动物体内仅储存 0.1% 的碳。因此，植被（尤其是森林）是碳的巨大储存库。关于碳汇的价值实现，廖显春等（2010）提出，发挥市场的有效性，积极创建林业碳汇交易市场，确保林业资源有偿使用、转让、继承，确保投资者利益，利用市场机制，促进林业发展，缓解全球气候变暖。[③] 唐方方（2012）指出：林业碳汇项目在适应气候变化、减缓气候变化和促进可持续发展方面具有三重功能，在可持续发展中缓解贫困是其重要内容。[④] 然而，林业碳汇减贫作用的发挥，还存在很大困难。周艳茹（2014）认为，森林不仅具有木材价值，还能保持水

① 季曦,王小林.碳金融创新与"低碳扶贫"[J].农业经济问题,2012(1):79-87.

② 齐绍洲,黄锦鹏.碳交易市场如何从试点走向全国[N].中国环境报,2016-02-25(12).

③ 廖显春,李智勇,吴水荣,等.制度创新与林业碳汇[C]//第十二届中国科协年会第五分会场,全球气候变化与碳汇林业学术研讨会优秀论文集,2010.

④ 唐方方.气候变化与碳交易[M].北京:北京大学出版社 2012.

土，为动植物提供栖息地，为人类提供娱乐和艺术享受，调节气候，维持生态平衡，等等。她指出，为了实现私人效益与社会效益的统一，需要公共部门的适当干预，建立基于固碳价值的多用途人工林生态补偿机制。[①] 例如，祁连山水源涵养林的生态效益和社会效益分别是经济效益的 4.51 倍和 6 倍。但森林是无商品属性的特殊产品，其多种生态效益长期被水利水电、旅游、农业等部门无偿享受，无法通过市场交换实现价值补偿。[②] 对于这个问题，华志芹（2015）认为：森林碳汇产权产生的基础是所有权人对森林碳汇效应产生的成本有效性具有获得收益的权利，森林碳汇产权价值具有多元性，在森林碳汇资本的"存在价值→使用价值→要素价值→市场价值"的实现路径中，任何形式的价值都是森林碳汇产权价值的体现，在现代市场理论范畴下，森林碳汇资本市场价值是最公平的价值。[③] 基于森林碳汇的碳交易不仅能实现森林生态系统外部正效应的价值补偿，还能为自然资本价值的增加提供可行的市场机制。

尚军磊（2013）指出，西部地区是我国生态资源的主要分布区，是我国的生态保护屏障，但是生态环境脆弱。生态补偿机制有利于西部地区的生态保护，碳交易机制为生态环境保护提供了新思路，如森林碳汇交易为生态补偿提供了一种市场化补偿模式。将碳市场与生态补偿机制结合，改变财政转移支付单一的融资途径，实现生态补偿机制的市场化创新。他认为，建立碳交易机制能够帮助西部贫困地区减少生态贫困。[④] 对于林业碳汇交易，曾以禹等（2014）基于新西兰和澳大利亚国家碳市场补偿林业生态建设的制度设计，比较中国六个试点省份的实践，提出了基于碳交易的森林生态补偿政策建议。他们指出：通过碳交易等市场机制补偿林业生态建设，可以有效解决财政机制下生态服务提供者与使用者供需"不挂钩"的弊端，呼吁在"生态效益补偿"基础上增加森林碳汇补偿政策。[⑤]

从宏观上看生态环境与贫困地区经济发展的关系，李静怡（2014）认为，

① 周艳茹.固碳价值的多用途森林生态补偿机制研究[D].昆明:云南大学,2014.

② 董小君.建立资源补偿机制 让西部走出富饶的贫困[N].中国经济时报,2007-07-19(005).

③ 华志芹.森林碳汇产权价值补偿视角下碳汇影子价格研究[J].求索,2015(2):37-42.

④ 尚军磊.西部地区碳排放交易机制构建研究[D].成都:西南财经大学,2013.

⑤ 曾以禹,吴柏海,周彩贤,等.碳交易市场设计支持森林生态补偿研究[J].农业经济问题,2014(6):67-76.

生态环境是经济发展不可或缺的物质基础，对经济发展有一定的限制，而经济发展也对生态环境有一定的负面影响。贫困地区不合理地发展经济使生态环境恶化，进而影响人们的生产生活，使地区贫困恶化。她指出，我国贫困地区越来越向生态脆弱、环境恶劣的连片地区集中分布。[①] 然而，沈茂英（2015）指出，连片特困区既是生态脆弱区又是生态资源富足区，无论是生态建设还是生态资源持续开发，均可以产生良好的生态减贫效应。[②] 曾维忠等（2016）从减贫角度思考森林碳汇价值，他们认为在理论与实践上，森林碳汇与减贫之间联系紧密。森林碳汇扶贫具有其他扶贫方式不可替代的作用和优势。该方式具有应对气候变化和扶贫的双重功能，能够推动扶贫主体多元化，推进扶贫资源配置的市场化，创新扶贫方式，突破贫穷与生态退化的恶性循环。同时，他们还指出，森林碳汇扶贫的实践和研究很少，学术界的关注度还不够。怎样更好地发挥森林碳汇减贫潜力，促使森林碳汇产业及其项目开发更有益于贫困人口，既是贫困研究的核心问题，也是森林碳汇研究、生态补偿研究、包容性增长研究等研究领域的重要组成部分。[③]

从具体的项目看，生态建设中碳汇造林具有生态与经济的双重价值。林业碳汇是碳交易的重要内容。曹先磊等（2017）以湖北省通山县竹子造林项目为例，基于竹子造林项目方法学和改进的项目减排量经济价值评价模型，对竹子造林碳汇项目的减排量和经济价值进行动态定量评估。其研究表明：竹子造林碳汇项目减排效果明显，碳汇价值较高；竹子造林项目年均和累计碳汇价值与碳汇价格显著正相关，竹子碳汇造林项目的开发有利于实现森林生态功能的经济价值，增加森林经营的经济效益。其研究认为：未来应尽快构建纳入中国经核证减排量抵消机制的全国统一碳市场，并充分利用碳市场调节政策工具，为我国林业碳汇项目的发展提供稳定的市场环境；为降低碳汇造林项目的技术风险，应重视竹林碳汇管护技术的应用、示范与推广；鼓励竹子加工企业技术创新，生产和销售耐用竹制品。[④]

---

① 李静怡.连片特困区生态环境质量与经济贫困的耦合关系研究[D].北京：首都师范大学,2014.

② 沈茂英."连片特困区"扶贫问题研究综述与研究重点展望[J].四川林勘设计,2015(1)：1-7.

③ 曾维忠,张建羽,杨帆.森林碳汇扶贫：理论探讨与现实思考[J].农村经济,2016(5):17-22.

④ 曹先磊,张颖,石小亮,等.竹子造林 CCER 项目碳汇价值动态评估及敏感性分析[J].长江流域资源与环境,2017(2):247-256.

森林管护、植树造林直接形成碳汇，而农村发展清洁能源能够减少碳排放，这是一种间接碳汇。农村清洁能源项目发展的碳汇效应，不仅具有生态效益，而且还能减贫。邵源春、储雪玲（2017）认为，在贫困地区实施清洁发展机制可实现经济发展与环境保护的双赢，减少多维贫困。他们设计了一套评价 CDM 项目益贫效应的综合评价指标体系，评价世界银行在湖北恩施州实施的生态家园沼气 CDM 项目。其研究发现，该 CDM 项目的经济效益、生态效益和社会效益显著，项目的实施改善了农户的收入、健康、生活环境，多维贫困程度明显降低，其益贫效应显著。① 生态环境问题具有外部模糊性特征。适宜的制度可以有效开发人力资源，从而挽回贫困人口缺失的权利与能力。周宏春（2017）指出：促进"绿水青山就是金山银山"的转化，生态权证交易可能是一种好形式。解决一些地区"端着绿水青山的金饭碗讨饭吃"的问题，应赋予生态环境一定的经济价值，通过资源环境市场的创建来实现经济价值，让生态环境保护者获益。②

综上所述，国内外对于"水贫困"的研究已有一定的历史。对水贫困进行了定义，从不同的研究视角，根据水贫困的发生规律、空间分布等对水贫困进行了分类研究，形成了相当丰富的有关水贫困的研究理论、研究体系、评价体系及实证应用等系列研究成果。随着对水贫困问题的深入探讨进而引发了对水资源开发利用与管理问题的研究，专家学者的已有研究将理论与实践结合，并运用到实践中，产生了良好的学术反响，具有一定的社会效益。对中国经济社会发展与政府决策都有一定的指导性作用。因此，水贫困问题研究的理论与实践意义较大。学术界由对水贫困问题的研究延展至对其他重要资源开发利用中贫困问题的研究，比如，煤炭等能源资源、森林碳汇等生态资源开发利用中贫困群众的可行能力不足，形成"富饶的贫困"。对于"碳"资源富集的贫困问题，专家学者对"碳"资源存量、开发利用中产生的外部性影响进行了相应的评价，并指出其与区域贫困问题之间的关联。对于"碳"资源富集的贫困问题，如何摆脱"富饶的贫困"，专家学者提出通过政策性的生态补偿、市场化的碳交易等措施克服"碳"资源开发利用的负外部性影响，提升贫困群众的可行能力，从而实现区域减贫与生态建设的目标。

---

① 邵源春,储雪玲.农村清洁发展机制益贫效应评价及分析:以世界银行 CDM 项目为例[J].世界农业,2017(7):119-124.

② 周宏春."两山理论"与福建生态文明试验区建设[J].发展研究,2017(6):6-12.

五、本章小结

当前，在绿色发展新理念的指引下，人们对资源环境问题的认识提到了新的高度，因资源开发利用中的碳排放（碳汇）而出现的生态问题、经济与社会发展问题引起了社会各界的广泛关注。相较于水贫困问题的研究，对于"碳贫困"问题的研究，从目前的文献资料看，学术界很少，只有李俊杰、付寿康、杨林东（2016）[①] 及李俊杰等（2017）[②] 对碳贫困的概念、特征、应用以及应对思路做出了初步的探讨。虽然学术界对于"碳贫困"鲜有研究，但是笔者通过"学习通"电子图书馆搜索相关的关键词，如"碳减排""碳汇""碳交易"等，在学术趋势中发现 2008 年是时间节点。2008 年以后与关键词相关的专著、期刊论文、硕博学位论文的数量快速增长（每年收录的文献都在千篇以上），与"碳"相关的学术研究热度骤增。这与当前经济社会发展中社会各界关注的热点话题相一致。"碳"资源的富集在经济社会发展程度不同的区域会产生不同的影响。民族地区"碳"资源富集，在某种程度上，"碳"资源既是地区发展的基础，又是地区发展的羁绊。

民族地区的致贫原因复杂多样，在"碳"资源富集视角下，学者从多角度论述了"碳"资源开发利用中，既有对生态环境和人们生产生活的直接外部影响，又有对人们发展权利与能力产生的间接外部影响，对多数贫困群众权利与能力的负外部性影响是资源富集地区贫困的重要原因之一。这就启发我们要对民族地区富集的资源开发中复杂致贫原因进行研究，要重点从贫困群众的权利与能力、自我发展权以及受外部因素的影响方面考虑。因此，有必要从权利与能力的视角探讨民族地区"碳"资源开发利用的外部性影响与间接致贫之间关联的问题，思考如何应对由此产生的贫困问题。但是，目前学术界对相关问题研究的深度与广度还不够，特别是与市场化碳排放权交易新制度相结合的减贫研究，只是从宏观上提及，并没有给出具体方案与应对措施。

---

① 李俊杰,付寿康,杨林东.民族地区碳贫困与碳储量问题研究:以恩施土家族苗族自治州为例[J].湖北社会科学,2016(10):46-52.

② 李俊杰,付寿康,李为利.精准扶贫背景下碳贫困破解路径研究:基于贵州六盘水市的调研[J].贵州民族研究,2017(4):156-162.

　　已有的文献中，专家学者探讨了资源开发利用中的碳排放、碳源及其外部性影响。已有的相关研究说明，煤炭等传统能源资源的开发利用对生态环境、人们的生产生活有着重要的外部性影响；生态环境保护能够产生碳汇，碳汇与生态减贫之间存在联系。但是这种"关联程度"有多大，表现出什么特征，研究者并没有进行具体的探讨。另外，碳排放量有多大？影响程度有多大？负外部性是如何体现的？如何内部化？区域生态减贫中碳汇的正外部性如何内部化？这些问题都存在难点，同时也是生态补偿标准市场化的难点，在已有的研究中给出具体的可操作的实践则很少，亟须深入研究。

　　本书从区域资源禀赋特征出发，以外部性理论为基础，考虑到民族地区碳资源开发利用的外部性如何内部化问题，将碳交易作为一种市场化的减贫方式。特别是破解民族地区"富饶的贫困"这一难题，是弥补已有研究中的一些缺憾的重要思考方向。碳交易以市场化的方式为民族地区的发展带来资金、技术与先进的管理理念，促使生态建设与减贫效应的长期化、常态化，促进贫困地区解决资源开发利用中的外部性问题，让经济社会发展的成果真正惠及贫困群众，帮助他们摆脱碳贫困。碳交易作为一种环境外部性内部化的市场化交易制度，不失为一种顺应时代发展潮流的良好的市场化减贫机制。因此，在民族地区富饶的碳资源开发利用中的碳贫困是怎样的，有什么样的特征，碳交易减贫的路径是怎样的，怎样由理论变为实践，产生减贫效益，则是新时代民族地区减贫实践中需要深入研究的重要课题。

第三章　相关概念界定与理论基础

一、相关概念界定

（一）民族地区

随着中国现代化进程的加快，存在这样一个现实：我国各族人民，通常因其所处的区域性经济文化类型不同，自然地理条件不同，决策者的政策与资金倾斜度不同，经济发展速度不同，其实际生活的感受和反差度很大。[①]

民族地区是指以少数民族人民为主聚集生活的地区。对民族地区的界定，从一般意义上来说，省一级行政单位就是指民族八省区[②]；从严格意义上来说，包括所有的民族自治地方。这是从行政区划的角度解释民族地区的概念。[③]

从省级、地级和县级这三个行政划级别来看民族自治地方行政区划。根据《中国民族统计年鉴2015》的统计，民族地区包括5个省级行政区划单位（内蒙古自治区、广西壮族自治区、宁夏回族自治区、西藏自治区、新疆维吾尔自治区）；地级行政区划单位总计77个，这其中有33个地级市，30个

---

①　熊坤新.差距与协调:现代化进程中东西部民族地区的经济发展与共同繁荣[J].中央民族大学学报,1996(2):7-12.

②　我国民族八省区包括五个少数民族自治区,即内蒙古自治区、西藏自治区、广西壮族自治区、宁夏回族自治区、新疆维吾尔自治区,以及少数民族分布集中的贵州、云南和青海三省。

③　李臻,金浩.新常态下民族工作的基本国情依据:中国是统一的多民族国家——做好民族工作的前提——习近平民族工作思想研究系列论文之二[J].黑龙江民族丛刊,2016(3):5-10.

自治州，11个地区，3个盟，具体为，内蒙古12个（9个地级市、3个盟）、吉林1个自治州、湖北1个自治州、湖南1个自治州、广西14个地级市、四川3个自治州、贵州3个自治州、云南8个自治州、西藏7个（3个地级市、4个地区）、甘肃2个自治州、青海6个自治州、宁夏5个地级市、新疆14个（2个地级市、7个地区、5个自治州）；县级行政区划单位总计707个，这其中有81个市辖区、74个县级市、383个县、49个旗、117个自治县、3个自治旗，分布在20个省级行政区划单位中。①

中国各民族的人口分布呈现大散居、小聚居、交错杂居的特点。在汉族地区有少数民族聚居，在少数民族地区有汉族居住。中国少数民族人口虽少，但分布很广。少数民族地区的一般特点是：地域广大，人口稀少；物产资源丰富；大多位于中国的边疆，属于国防要冲。

（二）碳贫困

对于"碳贫困"学术界鲜有研究，在笔者已有调查研究的基础上，本书将碳贫困定义为：以区域碳资源禀赋为基础，人们在富集的碳资源开发或被限制开发中，受自然或人文因素的外部影响，利用碳汇能力的缺乏或获取"碳汇"权利的缺乏，造成贫困或者返贫困的现象。第一种碳汇是指生态环境保护中丰富的绿色资源吸收大量二氧化碳，得益于生态保护活动而产生的一种环境正外部性影响；第二种"碳汇"是指在碳资源开发利用中本应获得利益，但是受到生产活动及生态环境负外部性的影响，利益受损。贫困地区大多存在这两种形式的"碳汇"，但是大多由于发展模式不同而出现两种不同形式的碳贫困。②

本书在界定碳贫困概念时，参考了有关水贫困的已有系列研究成果。水贫困不仅指缺水，还涉及水资源的经营与管理。《水足迹评价手册》中，根据水足迹不同的产生背景与条件，将水足迹细分为蓝水足迹、绿水足迹和灰水足迹三种。③ 由此，本书认为碳贫困不仅指碳的存量与增量方面的问题，还涉

---

① 国家民族事务委员会经济发展司,国家统计局国民经济综合统计司.中国民族统计年鉴2015[M].北京:中国统计出版社,2017.

② 李俊杰,付寿康,李为利.精准扶贫背景下碳贫困破解路径研究:基于贵州六盘水市的调研[J].贵州民族研究,2017(4):156-162.

③ HOEKSTRA A Y,CHAPAGAIN A K,AIDAYA M M,et al.水足迹评价手册[M].刘俊国,曾昭,赵乾斌,等,译.北京:科学出版社,2012.

及碳资源的经营与管理问题。结合我国民族地区碳资源禀赋和发展特点的不同，类比学者对水贫困相关问题的研究，本书将碳贫困分为"绿碳贫困"和"灰碳贫困"。两者的特征是"富集的贫困""权利-能力的约束"，虽然都与"碳"密切相关，但是表现形式截然不同。

"绿碳贫困"主要特征：煤炭、石油等资源缺乏，生态环境良好，以森林为代表的绿色资源富集，吸收大量以二氧化碳为代表的温室气体。处于生态功能区，禁止砍伐，限制开发，人们的发展权受到限制，环境保护主体的私人效益小于社会效益，生态环境保护的责任大，固定资产投资的总量小，经济总量小，地方经济发展受限，居民收入渠道窄，人均收入少，良好的生态环境带来的不是富裕而是贫困。

"灰碳贫困"主要特征：以煤炭、石油为代表的传统资源丰富，地方经济社会发展依赖能源资源，资源开采的时间长，强度大，局部开采利用不合理，技术水平低，排放大量以二氧化碳为代表的温室气体。阶段性的生态环境问题突出，居民生产生活受到影响与制约，农民被迫搬迁，生活空间与生产资料分离，总体上形成"开采—污染—贫困"三者之间的恶性循环，居民收入渠道窄，收入不高，地方经济社会可持续发展难，碳资源开发利用企业的私人成本小于社会成本，碳资源的大量开采给周边群众带来的不是富裕而是贫困。

相较于学术界研究颇多的直接因素致贫，本书认为碳贫困主要是间接因素致贫，是一种广义的制度性贫困[①]。对于碳贫困的两种类型、表现形式、主要致贫机理、具体案例，后文将做详细论述。

(三) 碳交易

碳交易[②]是为促进全球温室气体减排，减少全球碳排放所采用的市场机制。联合国政府间气候变化专门委员会（IPCC）于 1992 年 5 月通过《联合国

---

① 广义的贫困不仅包括不能满足基本生存需要，还包括社会、文化等因素。比如文化教育、医疗卫生、生活环境等方面的状况以及人预期寿命。制度性贫困是由社会经济、政治、文化制度所决定的生活资源在不同社区、区域、社会群体和个人之间的不平等分配，所造成的某些社区、区域、社会群体、个人处于贫困状态。

② 碳交易本质上是发展低碳经济的动力机制和运行机制，基于科斯理论的排污权交易有助于消除"公共物品"的外部性特征，充分发挥市场机制的作用。

气候变化框架公约》（以下简称《公约》）。1997 年 12 月于日本京都通过了《公约》的第一个附加协议，即《京都议定书》（以下简称《议定书》）。《议定书》把市场机制作为解决温室气体减排问题的新路径，即把碳排放权作为一种商品，进而形成二氧化碳排放权的交易，简称"碳交易"（carbon trading）。碳交易的基本原理是，合同的一方通过向另一方支付款项获得温室气体减排额，买方将购得的减排额用于减缓温室效应从而实现其减排目标。其交易市场被称为"碳市场"（carbon market）。① 碳市场可以分为配额交易市场和自愿交易市场。配额交易市场为有温室气体排放上限的国家或者企业提供碳交易平台以满足减排目标；自愿交易市场则是从其他目标出发，如企业社会责任、品牌建设、社会效益等方面自愿进行碳交易。

碳市场供需平衡的基本理念是污染工厂的私人成本小于社会成本，林农的私人效益小于社会效益。通过再造林增加碳汇，对林农进行补偿，对污染工厂碳排放课税，从而建立碳市场供需平衡体系。根据"共同但有区别"的责任原则，《议定书》把缔约国分为附件Ⅰ国家（发达国家和转型国家）和非附件Ⅰ国家（发展中国家）。为解决公共环境问题创造性地制定了三个灵活的减排机制，即联合履行机制（joint implementation，JI）②、清洁发展机制（clean development mechanism，CDM）③ 和国际排放贸易机制（emissions trading，ET）④。这三大灵活机制试图将碳排放额度作为一种商品在各国间进

---

① 戴勇,郝晶.CDM 碳交易市场项目类型探讨[J].中国环保产业,2011(3)：58-60.

② 联合履行机制是附件Ⅰ国家之间以项目为基础的一种合作机制,目的是帮助附件Ⅰ国家以较低的成本实现其量化的温室气体减排承诺。减排成本较高的附件Ⅰ国家通过该机制在减排成本较低的附件Ⅰ国家实施温室气体减排项目。投资国可以获得项目产生的减排单位,用于履行其温室气体的减排承诺,而东道国可以通过项目获得一定的资金或有益于环境的先进技术,从而促进本国发展。其特点是项目合作主要发生在经济转型国家和发达国家之间。

③ 清洁发展机制是《联合国气候变化框架公约》第三次缔约方大会 COP3(京都会议)通过的附件Ⅰ缔约方在境外实现部分减排承诺的一种履约机制。其目的是协助未列入附件Ⅰ的缔约方实现可持续发展和有益于《公约》的最终目标,并协助附件Ⅰ所列缔约方实现遵守第三条规定的其量化的限制和减少排放的承诺。发达国家通过提供资金和技术的方式,与发展中国家开展项目合作。通过项目所实现的"核证减排量"(简称"CER"),用于发达国家缔约方完成在《议定书》第三条下的承诺。

④ 国际排放贸易机制的核心是允许发达国家之间相互交易碳排放额度。《京都议定书》规定的附件Ⅰ国家能以成本有效的方式通过交易转让或者境外合作方式获得温室气体排放权。

行交易转让，碳排放余额是交易对象，获得碳排放余额的手段是借助市场的激励作用来应用低碳技术。[①] 图 3.1 至图 3.3 为三种减排机制的示意图。

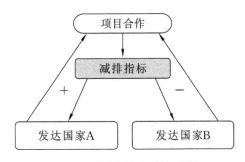

图 3.1　联合履行机制示意图

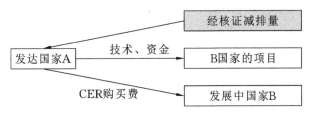

图 3.2　清洁发展机制示意图

图 3.3　国际排放贸易机制示意图

以上三种机制中碳交易被分为两种类型，分别是：配额型（allowance-based transactions），通常指的是总量管制下所产生的减排单位的交易；项目型（project-based transactions），通常指的是因进行减排项目所产生的减排单位的交易。[②]

---

① 齐培潇,郝晓燕,乔光华.中国低碳经济的现状分析及其评价指标体系的选取[J].干旱区资源与环境,2011(12):1-7.

② 配额型的如欧盟排放权交易制的"欧盟排放配额"（european union allowances, EUAs）交易,通常是现货交易。项目型的如清洁发展机制下的"排放减量权证"、联合履行机制下的"排放减量单位",通常以期货方式预先买卖。

(四) 绿色发展

绿色发展是当今世界的重要发展趋势。世界银行与国务院发展研究中心联合课题组的研究报告认为：绿色发展是指经济增长摆脱对资源使用、碳排放和环境破坏的过度依赖，通过创造新的绿色产品市场、绿色技术、绿色投资，以及改变消费和环保行为来促进增长。

这一概念包括三层含义：一是经济增长可以同碳排放和环境破坏逐渐脱钩；二是绿色可以成为经济增长新的来源；三是经济增长和绿色之间可以形成相互促进的良性循环。绿色发展是资源节约、环境友好型的发展方式，是有别于传统发展模式的新型发展模式，是一场深刻而全面的发展理念、生产模式和消费模式的变革。[①]

绿色发展理念以人与自然和谐为价值取向，以绿色、低碳、循环为主要原则，以生态文明建设为基本抓手，是对可持续发展和生态文明的全新阐释。绿色发展道路就是倡导生态、绿色、低碳、循环的理念，实现"生产发展、生活富裕、生态良好"的美丽中国建设愿景，最终实现中华民族永续发展。

2008年10月，联合国环境规划署为应对经济与金融危机提出绿色经济和绿色新政倡议，强调"绿色化"是经济增长的动力，呼吁各国大力发展绿色经济，实现经济增长模式的转型，以应对可持续发展中面临的各种挑战。2011年，联合国环境规划署发布报告《迈向绿色经济——实现可持续发展和消除贫困的各种途径》，该报告指出：2011—2050年，每年将全球生产总值的2%投资在十大主要经济部门可以加快向低碳、资源有效的绿色经济转型。[②]

随着改革开放的不断深入，中国人口、资源与环境的压力不断增大，全球气候变暖引起社会各界的广泛关注。绿色发展已成为中国发展的重要战略选择。中国人均生态财富较少，资源环境问题是可持续发展中面临的最大挑战。当前中国面临人口、资源与环境的挑战，使得绿色发展战略不是一个可选择的战略，而是一个必须采取的发展战略，要把绿色发展作为

---

① 世界银行,国务院发展研究中心联合课题组.2030年的中国:建设现代、和谐、有创造力的社会[M].北京:中国财政经济出版社,2012.

② 张梅.绿色发展:全球态势与中国的出路[J].国际问题研究,2013(5):93-102.

推进经济建设、政治建设、文化建设、社会建设和生态建设这五大建设的重要抓手。

绿色发展的理论前提是经济系统、自然系统和社会系统的共生性，而出现系统间复杂的交互作用，既有正向的交互机制（良性循环），又有负向的交互机制（恶性循环）。胡鞍钢、周绍杰（2014）基于自然系统、经济系统与社会系统这三大系统的共生性，构建了绿色发展的三圈模型，即自然系统的绿色财富、经济系统的绿色增长、社会系统的绿色福利。绿色增长促进绿色财富的累积和绿色福利的提升，减少当代人和后代人在资源消耗上的冲突，实现绿色福利的可持续性。绿色福利是绿色发展的目标，绿色财富是绿色福利和绿色增长的基础，绿色增长是绿色财富累积和绿色福利增进的手段。① 因此，绿色发展既是经济社会发展中必须坚持的重要理念，也是我们必须落实的重要行动。小康全面不全面，绿色生态很关键。绿色发展是对全面建成小康社会的积极回应，反映了全面建成小康社会的内在要求。绿色发展是以效率、和谐、持续为主要目标的经济增长和社会发展方式。

绿色发展是对发展理念的进一步创新，这一理念是为了应对近年来我国社会主要矛盾转化、人民生活水平提升中所面临的资源约束、环境污染、生态系统退化的生态新形势。大力推进绿色发展，有利于更好地应对资源环境约束的挑战，提高经济发展的质量，改善人民的生活环境，从而促进生态文明和全面小康社会的建设。

二、理论基础

（一）外部性理论

从已有的文献资料看，国内外学者对外部性问题的研究时间长、研究视角多、研究内容多、争论的话题也很多，涉及经济学的核心内容——市场机制，在公共经济学、可持续发展等研究领域，外部性问题至关重要。外部性概念至今仍模糊不清，原因在于外部性的内涵和外延均具有模糊性。因此，学术界对于外部性问题的认识一直存在着争议。

---

① 胡鞍钢,周绍杰.绿色发展:功能界定、机制分析与发展战略[J].中国人口资源与环境,2014(1):14-20.

随着经济社会的发展，对于外部性的认识与研究需要更新的视角与方法去探讨。相较于众多学者，如沈满洪、何灵巧（2002）①，向昀、任健（2002）②，贾丽虹（2003）③，黄敬宝（2006）④，张宏军（2007）⑤，罗士俐（2009）⑥ 等对于外部性的认识与研究，本书主要采纳胡石清、乌家培（2011）对外部性的研究与论述。他们从系统论出发，以行为方为核心，通过其影响范围的延伸，明晰了外部性的边界，将外部性划分为科斯外部性、马歇尔外部性和庇古外部性三种类型，进一步明晰了外部性的轮廓，区分了简单外部性和复杂外部性。在此基础上，揭示了外部性的本质，即受影响方的决策非参与性和缺乏有效的反馈机制；明确了外部性的定义，同时引入外部性系数，将外部性研究从定性研究引向定量研究。⑦

科斯、马歇尔和庇古这三位著名经济学家，对外部性理论发展做出的贡献具有里程碑意义。下面简要介绍这三种外部性类型，以进一步认识其定义与本质。

第一类，科斯外部性：这类外部性影响是直接的，受影响方对行为方的反馈也是直接的。在科斯提出的案例中，如火车喷出的烟对路边农作物的影响，牛吃掉了邻居家的麦苗，都有经济活动的行为方与受影响方之间的矛盾。科斯外部性最大的特点是"直接性和简单性"，受影响方受到的影响是直接的，且受影响方的数量不多，这使得行为方和受影响方之间是简单的关系。

第二类，马歇尔外部性：受影响方没有直接参与特定的经济活动，却间接受到了行为方的影响。对于这种间接影响，可以通过价格机制反馈，但由于缺少反馈机制，容易出现"公物悲剧"问题。例如，一个村民的养羊行为，并不与其他村民的养羊行为发生直接关系，但可以通过草地间接发生关系。网络外部性也属于第二类外部性，使用网络的网民越来越多，一方面极大地

---

① 沈满洪,何灵巧.外部性的分类及外部性理论的演化[J].浙江大学学报:人文社会科学版,2002(1):153-160.

② 向昀,任健.西方经济学界外部性理论研究介评[J].经济评论,2002(3):58-62.

③ 贾丽虹.外部性理论及其政策边界[D].广州:华南师范大学,2003.

④ 黄敬宝.外部性理论的演进及其启示[J].生产力研究,2006(7):22-24.

⑤ 张宏军.西方外部性理论研究述评[J].经济问题,2007(2):14-16.

⑥ 罗士俐.外部性理论的困境及其出路[J].当代经济研究,2009(10):26-31.

⑦ 胡石清,乌家培.外部性的本质与分类[J].当代财经,2011(10):5-14.

提高了网络使用效率，另一方面会造成网络拥挤等问题。马歇尔外部性的最大特点是"间接性、紧密性和规模性"。一方面，受影响的经济体是间接受到影响，受影响方虽然没有直接参与，但是与行为方联系紧密；另一方面，受影响方具有一定的规模，例如"公物悲剧"中的村民。

第三类，庇古外部性：行为方对社会和自然环境这种大环境系统的外部性影响。由于第三类系统的外部性跟特定经济活动的联系不是很紧密，其产生的影响是间接的，并且该影响无法通过市场反馈，使得这类外部性最为典型，受关注的程度最大。庇古最先提出的外部性概念，就是指社会边际成本与私人边际成本的差别，其实质就是指这类外部性，因为只有这类外部性才能真正反映行为方对社会的影响。这样的案例很多，例如植树造林对生态环境的改善，全球气候变暖带来的环境问题以及对人类的影响。庇古外部性最大的特点是"间接性、广泛性和松散性"，受影响者间接地受到影响，同时，涉及的受影响者广泛，然而与行为方的联系却非常松散。

如图 3.4 所示，外部性的分类揭示出外部性的本质特征，即受影响方的"决策非参与性"和受影响方对行为方"缺乏有效的反馈机制"，抓住这两个特征才能给出外部性的清晰定义：在特定的经济活动中，未参与决策的一方受到了经济活动的影响，并且缺乏有效的反馈机制进行补偿，这样，外部性就产生了。乔榛（2014）在对外部性理论进行梳理的过程中认为：外部性理论最适合探讨的便是资源、环境和生态问题。[①]

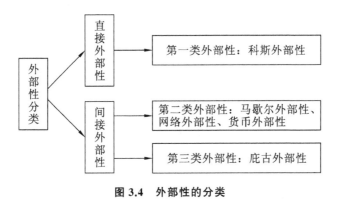

图 3.4　外部性的分类

因为森林和空气有公共品的"非排他性"属性，所以界定它们的资源产

---

①　乔榛.低碳经济下的中国工业结构调整[M].北京:知识产权出版社,2014.

权就有困难。而使用这些资源的私人成本与社会成本相背离，私人成本与社会成本的差距就是"外部性"，环境问题源于利用自然资源中的负外部性。负外部性行为的存在和正外部性行为的缺乏，源于受负外部性影响的一方没有得到补偿。如果能得到来自负外部性制造者的补偿，那么负外部性会大大减小；反之，如果受害者对制造者因减小负外部性而放弃的利益进行补偿，负外部性也会大大减小。同样，如果受到正外部性影响的人能够对创造正外部性的人提供补偿，正外部性的行为也会大量增加。① 这为因环境外部性问题而引出的生态补偿实践提供了理论基础。

日本学者速水佑次郎、神门善久（2016）认为：发展中国家环境问题特别严峻的原因是技术和制度的变化滞后于资源禀赋的变化。发展中国家制度调整的滞后性，往往会因为人民的贫困及对未来消费和收入的贴现率高而变大。即使自然资源稀缺性提高，自然资源和环境仍能通过造林、土壤侵蚀保护（如修梯田）和净化气体排放物这样的保护和反污染活动投资而得到适当保护。为了保护这样的活动，要在界定产权、自然资源利用、建立监控环境的政府和非政府团体等各方面进行制度创新。②

从经济学角度看，碳交易遵循了科斯定理，即温室气体需要治理，而治理温室气体给企业造成成本差异；如果商品交换可以被看作一种权利（产权）交换，那么温室气体排放权也可以交换；由此，碳排放权交易在市场经济框架下可以成为解决污染问题的有效方式。这样，碳交易将气候变化这一科学问题、减少碳排放这一技术问题与可持续发展这一经济问题结合起来，通过市场机制解决科学、技术、经济三个方面的综合问题。

在资源利用与环境治理中进行制度创新至关重要，碳交易作为解决资源环境领域中的一项重要的制度创新，它是通过政府创造、市场运作的行政手段与市场手段相结合的方法界定碳源与碳汇的产权，消除碳资源开发利用中边际私人收益与边际社会收益、边际私人成本与边际社会成本相背离的情况。碳交易制度的充分运用有助于解决资源环境中的外部性问题。

（二）"两山"理论

习近平总书记在我国全面建成小康社会、大力推动精准扶贫、基本实现

---

① 陈冰波.主体功能区生态补偿[M].北京:社会科学文献出版社,2009.
② 速水佑次郎,神门善久.发展经济学:从贫困到富裕:3 版[M].李周,译.北京:社会科学文献出版社,2016.

现代化的实践中创立了内容丰富和极具创新性的"两山"理论。"两山"理论深入推进了马克思主义理论的中国化,确立了绿色生产力、绿色财富生产、绿色再生产等绿色发展新理念;正确地把握了绿色现代化发展规律,创新了绿色发展、实现绿色现代化;是引领生态文明与美丽中国建设、推进全面小康社会建设、推进我国由经济大国向绿色强国迈进、彰显负责任大国的新方略。①

2013 年 9 月 7 日,习近平总书记在哈萨克斯坦纳扎尔巴耶夫大学发表了题为《弘扬人民友谊 共创美好未来》的重要演讲。他表示:中国明确把生态环境保护摆在更加突出的位置。我们既要绿水青山,也要金山银山。宁要绿水青山,不要金山银山,而且绿水青山就是金山银山。我们绝不能以牺牲生态环境为代价换取经济的一时发展。这生动形象地表达了党和政府大力推进生态文明建设的鲜明态度和坚定决心。② 2015 年 3 月 24 日,中央政治局审议通过《中共中央 国务院关于加快推进生态文明建设的意见》,把"坚持绿水青山就是金山银山"这一重要理念正式写入了中央文件,为"十三五"提出绿色发展理念提供了理论支撑。

"两山"理论的本质是回答什么是绿色发展,怎样实现绿色发展。它是马克思主义发展理论的中国化,是对科学发展观的新发展,是指引中国走绿色发展道路,实现人民富裕与生态美好相统一的最佳境界的科学理论。"绿水青山"指代良好的生态环境;"金山银山"指代经济发展带来的物质财富。"两山"理论,一方面揭示了保护生态环境与发展经济的辩证统一关系,另一方面生动地概括了有中国气派、中国风格和中国话语特色的绿色发展战略内涵。③

"两山"理论是对现代绿色经济的一种新阐释,进一步深化和丰富了绿色发展理论,具体表现在:

第一,"两山"理论所蕴含的绿色发展新理念的核心思想是实现经济发展与生态环境保护的互动双赢。人类的发展不仅是要发展好经济,而且要保护好生态环境,在大力发展经济的同时,要更加努力地保护生态环境,

①　李炯.习近平"两山"论创新性及其现代化价值[J].中共宁波市委党校学报,2016(3):95-102.

②　中共中央宣传部.习近平总书记系列重要讲话读本[M].北京:学习出版社,人民出版社,2014.

③　卢国琪."两山"理论的本质:什么是绿色发展,怎样实现绿色发展[J].观察与思考,2017(10):80-87.

在保护生态环境的同时也要发展经济，二者相辅相成，相互促进，实现良性互动。

第二，"两山"理论所蕴含的绿色发展新理念也包含了绿色财富新理念。其基本内涵是：人类的财富包括自然资源、生态环境。自然资源和自然价值是一切财富的源泉。以保护为基础，以开发利用为方向，绿水青山在一定条件下可以转化为金山银山。

第三，"两山"理论所蕴含的绿色发展新理念也包含了绿色幸福新理念。习近平总书记指出，建设生态文明是关系人民福祉、关乎民族未来的大计，是实现中华民族伟大复兴中国梦的重要内容，保护自然环境就是保护人类，建设生态文明就是造福人类。人民的福祉不仅仅是生产发展、生活富裕，生态良好也是人民的福祉。"两山"理论所包含的绿色幸福新理念就是要使人民群众既能享有丰富的物质文化产品，又能享有良好的生存环境和生态产品，真正实现百姓富与生态美的和谐统一。

习近平总书记很早就指出："绿水青山可带来金山银山，但金山银山却买不到绿水青山。绿水青山与金山银山既会产生矛盾，又可辩证统一。"[1] 新时代在资源约束趋紧、环境被污染、生态退化的严峻形势下，这种由"矛盾"向"统一"转变的过程，在经济社会发展实践中，则体现在对"两山"之间关系认识的三个发展阶段上：第一个阶段是用绿水青山去换取金山银山，不考虑或者很少考虑生态环境的承载能力，不断地索取资源。第二个阶段是既要金山银山，但也要保护绿水青山，这时经济发展和资源匮乏、环境恶化之间的矛盾逐步凸显，人们开始意识到生态环境是生存发展之本，要留得青山在才能有柴烧。第三个阶段是认识到绿水青山可以源源不断地带来金山银山，绿水青山本身就是金山银山，生态常青树就是摇钱树，生态优势可以转变成经济优势，形成生态环境与经济社会发展的和谐统一。这个阶段是一种更高的境界，体现了科学发展观的要求，体现了发展循环经济、建设资源节约型和环境友好型社会的理念。[2] 这三个阶段不仅是发展观念不断更新的过程，还是充分发挥人的主观能动性、转变经济发展方式的过程，也是人和自然关系的不断调整、趋向和谐的过程。

---

① 习近平.绿水青山也是金山银山[N].浙江日报,2005-08-24(1).
② 康沛竹,段蕾.论习近平的绿色发展观[J].新疆师范大学学报(哲学社会科学版),2016(4):18-23.

　　"两山"理论是对发生在当代经济社会发展与环境保护之间矛盾的反映，在本质上是一种发展思想或关于人类社会如何向前发展的思想。① "两山"理论是围绕人民群众、以人民为主体的具有鲜明时代特色的科学理论，创新了人们对资源开发利用、发展地区经济、保护生态环境之间的传统认识。新时代"两山"理论由区域性实践和探索发展到全党普遍认同的理论，是中国生态文明建设和绿色发展的内生之路。

（三）自然资源禀赋理论

　　资源禀赋又称为要素禀赋，就是一个国家或地区所拥有资源的整体素质。自然资源是决定或制约经济增长的物质基础，影响初始产业布局和结构，自然资源丰富有利于提高社会劳动生产率。自然资源的绝对稀缺和不可再生性，决定人们仍然要对自然资源给予高度重视，既要节约使用自然资源、保护自然资源，还要注重循环使用自然资源，实现全面协调可持续发展。② 自然资源禀赋论是指各国的地理位置、气候条件、自然资源蕴藏等方面的不同导致各国专门从事不同部门产品生产的格局。要素禀赋差异是产生国际贸易的主要原因，各国（地区）可以通过资源的丰歉进行贸易，从而实现生产要素的有效配置。一个区域的自然资源禀赋特征通过多种机制影响该区域的经济活动以及人口分布，这些自然地理条件又会对该地区的文化、社会规范程度以及机构组织的发展产生持续影响。

　　自然资源作为经济发展中一种重要的投入要素，是地区经济社会发展的物质基础和基本条件。良好的自然条件、丰富的资源是区域经济发展的天然优势。但在现实中，资源禀赋条件好的区域，其经济发展并不一定好，甚至可能是落后区域。其中的原因复杂多样，虽然"资源诅咒"假说具有一定的解释力，但是资源开发利用的体制机制因素也是需要重点考虑的原因。从微观上看体制机制中资源禀赋与政府行为的关系，自然资源禀赋本身确实对经济增长有促进作用，但自然资源禀赋对政府行为的作用却抑制了自然资源禀赋对经济增长的促进作用。自然资源对经济发展确实是"福音"，但是这种作用会因其对政府行为的影响而削弱。要充分发挥自然资源禀赋对经济发展的

---

　　① 徐祥民."两山"理论探源[J].中州学刊,2019(5):93-99.
　　② 龚万达,赵咏梅.论自然资源禀赋对经济发展的影响[J].中共郑州市委党校学报,2011(5):40-43.

推动力，就必须切断自然资源禀赋对地方政府行为的影响。[①] 何雄浪（2016）就指出，经济发展的历史和现实表明，富饶的自然资源是一笔财富，是经济增长的"福音"，但并不是所有的经济体都能够利用自然资源走上持续繁荣发展的道路，有时自然资源丰富区域的经济增长绩效却不如自然资源稀缺的区域，导致"资源诅咒"现象的产生。对于具有丰富自然资源禀赋的国家来说，"资源福音""资源诅咒"效应的发生，都是有前提的，它们取决于该国制度质量的高低。[②]

20世纪中期以来，越来越多的证据表明，丰富的自然资源并不会必然带来快速的经济增长，有时自然资源丰富区域的经济增长绩效却不如自然资源稀缺的区域，丰富的自然资源阻碍经济增长，引发"资源诅咒"。只是简单地开发或者保护自然资源既不能实现可持续性发展，也难以改善当地居民的生活水平。印度著名学者阿马蒂亚·森在《以自由看待发展》一书中，将资源禀赋视为影响家庭权益的第一因素，他认为资源禀赋是对生产性资源和具有市场价格财富的所有权。对于大多数人来说，其仅有的、能发挥显著作用的资源禀赋是其劳动力。这里的劳动力可以包含程度不等的技能和经验，但一般而言，劳动力、土地和其他资源构成了一组资产。[③]

本书认为，在地区经济社会发展中，良好的自然资源禀赋对经济增长既有正面效应又有负面效应，至于产生何种效应就与地区经济发展的政策制度密切相关。资源禀赋是民族地区经济发展的比较优势所在，也是当前以及今后一段时间内民族地区参与区域社会分工的主要砝码，为资源型产业的发展奠定了重要基础，但是民族地区多因为社会发展程度较低、经济制度相对落后、发展政策不能适应时代发展的新需要，富集资源禀赋的正外部性作用难以充分发挥，反而给民族地区经济发展带来一些负外部性影响，使得民族地区处于"富饶的贫困"之中。为克服这种负外部效应，就必须进行相应的制度安排与创新。

---

① 邓明，魏后凯.自然资源禀赋与中国地方政府行为[J].经济学动态，2016(1):15-31.

② 何雄浪.自然资源禀赋与区域发展:"资源福音"还是"资源诅咒"? [J].西南民族大学学报(人文社科版)，2016(2):120-125.

③ 阿马蒂亚·森.以自由看待发展[M].任赜，于真，译.北京:中国人民大学出版社，2012.

（四）可行能力理论

1980 年阿马蒂亚·森在论文"Equality of What?"中首次提出"可行能力"的概念，人的可行能力包含功能和能力两个方面。功能即功能性活动（functions），指人们实际的生活状态或不同层面的生活水准，既有基本的温饱、安全等内容，又有积极的心态、良好的社会交往等更高层次的成就。能力（capabilities）是功能的派生概念，反映个人拥有实现各种功能组合的潜力以及拥有在不同生活方式中做出选择的自由。在可行能力理论指导下，功能和能力成为识别贫困的通行标准，反贫困的目标也从弥补收入缺失转变为提升贫困人口的可行能力。恶劣的自然条件、所处社会的不良风气、较低的公共服务水平等都会阻碍物质资料向可行能力转化。

在此思路的指引下，阿马蒂亚·森提出了一个不同于传统收入贫困的分析框架。阿马蒂亚·森认为，贫困必须被视为基本可行能力被剥夺，而不仅仅是收入低下，是可行能力的贫困，是社会生存、适应及发展能力的低下与短缺。他强调通过扩大个人的选择范围来发展人的能力。同时，他认为：虽然收入贫困与可行能力贫困之间的联系需要重视，但过分强调收入贫困和收入不平等，而忽略与贫困有关的其他因素，仅仅减少收入贫困绝不可能是反贫困政策的终极动机。总的来看，阿马蒂亚·森的可行能力贫困思想可以理解为贫困群众因个人特征、环境因素等异质性因素的阻碍，能力缺失（潜在的发展动力不足）和功能缺失（外在的生活状态窘迫）而出现了物质资源匮乏。[①] 可行能力理论精准地指出了贫困的实质，对贫困的度量、贫困人口识别和反贫困政策都有重要的实践创新性启示，为认识贫困问题、分析贫困问题以及解决贫困问题提供了新的视角，有效弥补了传统收入贫困观的各种缺陷，是新常态下精准扶贫的突破口。

基本可行能力被剥夺不仅直接影响人类健康，还造成诸如受教育水平低、妇女社会地位低下等社会问题。对于"可行能力"，我国有学者从可持续生计的视角提出了"动态能力观"的概念，这种可持续生计动态能力由资源整合能力、风险控制能力、环境适应能力和生计创新能力等多个变量决定。[②] 从这

---

① 钟晓华.可行能力视角下农村精准扶贫的理论预设、实现困境与完善路径[J].学习与实践,2016(8):69-76.

② 赵锋.可持续生计与生计动态能力分析:一个新的理论研究框架[J].经济研究参考,2015(27):81-87.

几个变量的角度思考如何增强贫困人口的自我发展能力是精准扶贫的重要出发点。

我国最大的弱势群体是农民，从可行能力理论视角理解农民的生存困境，其贫困是可行能力的贫困，农民遭遇的不平等是基本可行能力的不平等，所面对的剥夺是社会排斥。[①] 阿马蒂亚·森的可行能力理论为更好地解读农民贫困问题提供了新视角，也有利于启发政府建立公平合理的社会制度，促使农民脱贫致富。在提高自我发展能力的思路下，精准扶贫体制机制的改革创新，只有树立提高贫困农民的可行能力的理念，并进行相应的制度设计、制度安排与政策制定，建立更加公平合理的社会制度，才能持续不断地解决贫困农民经济权益不平等的问题，保障他们的可行能力，从而改变他们的贫困状况。

（五）"两个共同"理论

中华人民共和国成立以来，特别是改革开放以来，是少数民族和民族地区在经济、政治、文化、社会和生态文明建设等方面发展最好最快的时期，和睦相处、和衷共济、和谐发展成为我国民族关系图景中鲜明的主色调。

2003年3月4日，胡锦涛同志在全国政协十届一次会议少数民族界委员联席组讨论时指出："实现全面建设小康社会的宏伟目标，要求更好地实现各民族的共同繁荣发展。实现各民族共同繁荣发展，需要各民族共同团结奋斗。共同团结奋斗、共同繁荣发展，这就是我们新世纪新阶段民族工作的主题。"这是胡锦涛同志首次明确提出"两个共同"。"两个共同"思想不仅明确了新世纪新阶段我国民族工作的性质、任务和途径，还是党在新世纪新阶段民族纲领的集中体现和解决我国民族问题的根本原则，它科学地揭示了今后我国民族关系发展的基本趋势。[②] "两个共同"思想是指导新世纪新阶段民族工作的重要理论，是民族关系理论和民族发展理论的重大理论突破。它赋予了民族关系、民族发展理论以新的内涵和新的视角，是我们党对民族关系和民族发展理论的历史性贡献。对于全面建成惠及各族人民的小康社会，实现中华

---

① 马永华.森的可行能力理论及其农民问题[J].常州大学学报(社会科学版),2011(2):25-28.

② 金炳镐,熊坤新,张勇.对"两个共同"的再认识[J].实践,2007(1):30-34.

民族伟大复兴，具有深刻的理论意义和实践意义。①

　　2004年10月21日，胡锦涛同志在中共中央政治局第十六次集体学习时再次强调：必须围绕全面建设小康社会的宏伟目标，牢牢把握"两个共同"的主题，努力把民族工作提高到一个新的水平。2005年5月27日，胡锦涛同志在中央民族工作会议暨国务院第四次全国民族团结进步表彰大会上的讲话指出：新世纪新阶段的民族工作必须把各民族共同团结奋斗、共同繁荣发展作为主题。共同团结奋斗，就是要把全国各族人民的智慧和力量凝聚到全面建设小康社会上来，凝聚到建设中国特色社会主义上来，凝聚到实现中华民族的伟大复兴上来。共同繁荣发展，就是要牢固树立和全面落实科学发展观，切实抓好发展这个党执政兴国的第一要务，千方百计加快少数民族和民族地区经济社会发展，不断提高各族群众的生活水平。只有各民族共同团结奋斗，各民族共同繁荣发展才能具有强大的动力。只有各民族共同繁荣发展，各民族共同团结奋斗才能具有坚实的基础。抓住了共同团结奋斗、共同繁荣发展这个主题，就抓住了新形势下正确处理民族问题、切实做好民族工作的根本，就能在全面建设小康社会的历史进程中不断开创民族工作的新局面。②

　　共同团结奋斗，是一个多民族国家经济社会发展的重要条件。共同繁荣发展，是一个多民族国家和谐稳定的重要基础。"两个共同"是对世界各国处理民族问题经验教训的科学总结，是中国共产党对马克思主义民族理论的发展创新，有利于民族工作的开拓，有利于全面小康社会建设，是做好新世纪新阶段民族工作的根本指针，是增强中华民族凝聚力的重要途径。③ 我们党在革命、建设和改革的各个历史时期，始终坚持把马克思主义民族理论同中国民族问题的具体实际相结合，不断创新与推动民族工作实践向前发展。中国共产党所倡导的"共同团结奋斗、共同繁荣发展"，是56个民族的"共同"。56个兄弟民族在历史发展中休戚与共、荣辱相依；民族之间、民族内部之间的"共同"，无论民族大小、人口多少，都一律平等，共同发展；东西部地

　　① 金炳镐,张勇,苏杰."两个共同"的理论涵义[J].云南民族大学学报(哲学社会科学版),2006(5):79-81.

　　② 胡锦涛.在中央民族工作会议暨国务院第四次全国民族团结进步表彰大会上的讲话[M].北京:人民出版社,2005.

　　③ 刘吉昌.论新时期各民族共同团结奋斗、共同繁荣发展[J].西南民族大学学报(人文社会科学版),2007(10):39-44.

区、民族地区与其他地区、边疆与内地、山区与坝区的"共同",应大力发展生产力,逐步改变自然历史差异所带来的各民族生产力水平的差异,实现共同富裕。①

"两个共同"理论,抓住了民族工作中的根本问题,即协调民族关系,促进民族发展。该理论既坚持了马克思主义的基本原则,又结合了中国当代民族问题的实际,还体现了新时代新理论的特色。②

"两个共同"不仅是解决现阶段民族问题的根本途径,也是实现少数民族和民族地区现代化、推进小康社会建设的重要原则,还是实现全国现代化和全面推进小康社会建设的重要组成部分。可以说,没有少数民族和民族地区的小康社会,就没有全国的小康社会;没有少数民族和民族地区的振兴,就不可能实现中华民族的振兴。③

"两个共同"揭示了全面建设小康社会与民族工作的内在联系——没有全国各族人民的共同团结奋斗,全面建设小康社会就无法顺利实现;没有全国各族人民的共同繁荣发展,全面建设小康社会就失去了真正的意义。因此,"两个共同"是推进民族关系良性发展、构建社会主义和谐社会的基础;它丰富和发展了社会主义民族关系理论,是新世纪我党对民族问题与时俱进的理论创新,是我国民族工作实践与时代同步发展的一个鲜明体现。"两个共同"与消除贫困都关系到社会主义民族关系的巩固和发展,甚至关系到维护国家安全,巩固民族团结,加强各民族的凝聚力,构建和谐社会等根本问题。④

"两个共同"有利于形成各民族的共同理想信念,增强中华民族的凝聚力;是坚持和发展中国特色社会主义,全面建成小康社会的必然要求;也是实现社会主义现代化和中华民族伟大复兴的重要内容。贯彻落实"两个共同",就必须坚持把发展作为民族工作的主要任务和解决民族问题的根本途径;必须有国家政策和发达地区的有力支持,坚持各民族共享改革发展成果,共同繁荣进步;必须不断提高正确认识和处理民族问题的能力;尊重和保护

---

① 格桑顿珠."共同团结奋斗、共同繁荣发展"是新世纪新阶段民族工作的主题[J].今日民族,2005(8):2-7.

② 本书编写组.中央民族工作会议精神学习辅导读本[M].北京:民族出版社,2005.

③ 格桑顿珠.深刻理解共同团结奋斗、共同繁荣发展[J].中国民族,2006(3):51-53.

④ 来仪.从消除贫困角度解读"两个共同"理论[J].实践(思想理论版),2008(2):18-19.

少数民族传统文化,加强对民族理论和政策的宣传教育。[①] 在全面建设小康社会和民族工作中抓住了共同团结奋斗、共同繁荣发展这个主题,就抓住了新形势下正确处理民族问题、切实做好民族工作的根本,就能在全面建成小康社会的历史进程中促进民族地区全面进步。正如党的十九大报告中所提出的:全面贯彻党的民族政策,深化民族团结进步教育,铸牢中华民族共同体意识,加强各民族交往交流交融,促进各民族像石榴籽一样紧紧抱在一起,共同团结奋斗、共同繁荣发展。

三、本章小结

科学的理论对实践具有重要的指导意义。本书所运用的五个理论中,自然资源禀赋理论和"两山"理论是基础,外部性理论是重点,可行能力理论是关键,"两个共同"理论是落脚点。这五个理论既可以各自独立又可以相互关联。自然资源禀赋在地区经济社会发展中具有基础性作用,资源开发、生态建设对生态环境、人类生产生活的外部性影响十分普遍。当前的经济体制、政策设计对于外部性问题的解决还存在很多困难。民族地区碳资源富集,贫困问题突出,在脱贫攻坚中应加强碳资源的经营与管理,以各民族共同繁荣为主要目标,进行政策制度的改革创新,提升资源富集民族地区贫困群众的可行能力,带动他们脱贫致富,从而实现"绿水青山就是金山银山"。本书将以这五个重要理论为指导,围绕碳贫困这个中心,展开民族地区资源开发利用负外部性、生态环境保护正外部性与贫困问题之间关联的研讨。

---

① 朱勇,任新民.坚持"两个共同",推进中国特色社会主义在西南边疆多民族地区的探索与实践[J].云南行政学院学报,2015(5):81-85.

第四章　民族地区碳资源禀赋与碳贫困成因分析

一、民族地区经济社会发展与碳资源禀赋特征分析

(一)民族地区经济社会发展概况

我国民族地区的分布区域广，民族自治地方占国土面积的64%左右，少数民族多聚居于西部或者边疆地区。根据研究的需要，本书从省级行政区、地级行政区、县级行政区这三级行政区看民族地区的分布，表现出大集中、小分散的特点（详细内容可以参见本书第三章中有关民族地区的概念界定）。基于数据的可获得性、研究的工作量、研究的可行性，为方便考察民族地区的经济社会发展概况与碳资源禀赋特征，本书以省级行政区的民族八省区为主要研究对象，展现民族地区经济和碳资源禀赋特征。

民族地区地广人稀、少数民族众多、人均收入低。民族八省区的总面积为562.9797万km^2，占全国国土总面积的58.6%。2016年年末，常住人口为19680.58万人，只占全国总人口的14.23%。2016年年末，中国总人口138271万人，人均GDP达到53817元。民族八省区中只有内蒙古自治区人均GDP达到74069元，超过全国平均水平，其他省区均低于全国平均水平。云南省的人均GDP只有31265元。

民族地区经济发展落后，依靠中央支持发展。在国家区域经济发展中，经济密度是区域经济发展水平的一个较准确的测度，是协调区域发展的重要杠杆，对中国区域政策的制定和实施具有重要意义。经济密度与省区面积、

地区生产总值密切相关。民族八省区的经济密度具有由东到西呈显著递减的规律，广西因地区生产总值较高，面积相对较小而经济密度最大，其地理区位更靠近东部；西藏因地区生产总值最低，面积较大而经济密度最小，其地理区位处于中国最西部。三次产业结构中，除了内蒙古第一产业比重较小外，其他省区第一产业比重都较大。民族八省区的第二产业比重都没有超过50%，总体上呈现出"二三一"的产业结构，产业结构需要进一步优化。2016年，民族八省区一般公共预算支出总计26741.2亿元，远远超过了9027.44亿元的一般公共预算总收入，各个省区的预算支出都远超预算收入。[①] 在这种情况下，需要中央大量的财政转移支付，2016年中央对民族八省区一般性转移支付的执行总数是8657.75亿元。

随着我国经济由高速增长阶段转向高质量发展阶段，民族地区经济发展面临着更大的困境。民族地区经济增长主要依靠资源密集型产业和政府投资，以外延式增长为主，市场活力不足，创新能力不强，自我发展能力不足。民族地区不仅是贫困人口集中分布区，也是全国区域差距、城乡差距最大的地区，还是生态脆弱区以及我国主体功能区划中限制开发区、禁止开发区的集中分布区，经济发展、社会发展与生态保护之间的矛盾突出。

全面建成小康社会，民族地区是重点和难点；脱贫攻坚，民族地区是主战场。2012年，国务院扶贫办确定的592个国家扶贫开发重点县中，位于民族八省区的就有232个，占国家扶贫开发重点县总数的39.2%。全国14个集中连片特困区，有11个片区全部或部分位于民族八省区；14个集中连片特困区的680个县中位于民族八省区的就有292个，占总数的42.9%。民族八省区中，国家扶贫开发重点县主要集中在云南、贵州、内蒙古、广西和新疆五个省区，总计209个县市，占民族地区全部国家贫困县的70%。[②] 其中，"三区三州"（"三区"指西藏、四省藏区、新疆南疆四地州，"三州"指四川凉山州、云南怒江州、甘肃临夏州）深度贫困地区均为民族地区。这表明，民族地区仍然是全面建成小康社会的"短板"和扶贫攻坚的"硬骨头"，脱贫攻坚任务艰巨。2016年民族八省区经济社会发展概况见表4.1。

---

① 中华人民共和国国家统计局.中国统计年鉴:2017[M].北京:中国统计出版社,2017.
② 张丽君,吴本健,王润球,等.中国少数民族地区扶贫进展报告(2016)[M].北京:中国经济出版社,2017.

表 4.1 2016 年民族八省区经济社会发展概况

省区	主要少数民族	国土面积（万 km²）	年末常住人口（万人）	经济密度（万元/km²）	人均GDP（元）	人均固定资产投资（万元/人）	三次产业结构（%）	一般公共预算收入（亿元）	一般公共预算支出（亿元）	农村贫困人口（万人）	农村贫困发生率（%）
新疆维吾尔自治区	维吾尔族、哈萨克族	166.49	2398.08	57.76	40427	4.163	17.1：37.3：45.6	1298.95	4138.25	147	12.8
内蒙古自治区	蒙古族、满族、回族	118.3	2520.1	157.5	74069	6.138	3.8：49：47.2	2016.43	4512.71	53	3.9
宁夏回族自治区	回族	5.18	674.9	608.12	46919	5.683	7.6：46.8：45.6	387.66	1254.54	30	7.1
广西壮族自治区	壮族、瑶族、苗族	23.67	4838	770.81	37876	3.769	15.3：45.1：39.6	1556.27	4441.70	341	7.9
西藏自治区	藏族	120.223	330.54	9.57	35143	5.008	9.1：37.4：53.5	155.99	1587.98	34	13.2
云南省	彝族、白族、哈尼族	39.4	4770.5	377.41	31265	3.283	14.8：39.0：46.2	1812.29	5018.86	373	10.1
贵州省	苗族、侗族、布依族	17.6167	3555	666.1	33127	3.637	15.8：39.5：44.7	1561.34	4262.36	402	11.6
青海省	藏族、蒙古族、土族	72.1	593.46	35.68	43531	5.954	8.6：48.6：42.8	238.51	1524.80	31	8.1

资料来源：《中国统计年鉴 2017》，新疆、内蒙古、宁夏、西藏、云南、贵州、广西、青海八省（区）《中华人民共和国 2016 年国民经济和社会发展统计公报》。

（二）民族地区传统能源资源禀赋

能源生产与消费形成的碳排放是最主要的温室气体排放源。民族地区能源资源丰富，结合研究实际，本书从民族八省区传统能源的生产与消费情况看该区域的灰碳资源禀赋。2016年，中国能源消费总量43.6亿tce（吨标准煤当量），同比增加6000万tce，增长1.4%，增速比2015年略有提高。[①] 一次能源消费中以煤炭、石油和天然气为主。2016年年末，全国发电装机容量164575万kW，火电装机容量105388万kW，火电占比达64%，占绝对主导地位[②]，火力发电产生大量碳排放，中国的能源结构决定了碳排放量大的情况。

中西部民族地区能源资源丰富，有以煤炭、石油、天然气为代表的传统能源，也有以风能、太阳能、水能、地热能为代表的清洁能源，能源生产以煤炭、石油和火电为主，产量大，但是消费量小，通过"西气东输""西电东送""西煤东运"等途径外输，为国家经济建设、国民经济的发展做出了巨大的贡献。例如，2015年内蒙古的发电量为3929亿kW·h，电力消费量为2542.86亿kW·h。表4.2、表4.3反映了2015年民族八省区的主要能源产量与消费量。表4.4反映了民族八省区的发电量与电力消费量。从总体上看，能源生产量大于消费量。

表4.2　2015年民族八省区主要能源产量

| 省区 | 能源类型 | | | | | | | |
	原煤（万t）	焦炭（万t）	原油（万t）	汽油（万t）	煤油（万t）	柴油（万t）	燃料油（万t）	天然气（亿m³）
内蒙古	90957.05	3041	45.8	147.91	9.13	177.29	6.81	9.24
广西	425.45	586	50.5	432.15	105.67	592.35	19.41	0.16
贵州	17204.99	729	—	—	—	—		0.93
云南	5184.45	1150		2.08				
西藏	—							
青海	816.46	—	223	53.91		67.32	3.5	61.37
宁夏	7975.8	758	13.4	219.53	14.22	205.31	25.64	—
新疆	15221.48	1662	2795.1	323.63	72.25	1049.58	45.44	293.02

数据来源：《中国能源统计年鉴2016》，西藏数据暂缺。

---

① 肖新建,杨光,田磊,等.2016年我国能源形势分析和2017年形势展望[J].中国能源,2017,39(3):5-12.

② 数据来源:《中华人民共和国2016年国民经济和社会发展统计公报》。

表 4.3　2015 年民族八省区主要能源消费量

省区	能源合计（万吨标准煤）	能源类型						
		煤炭（万 t）	焦炭（万 t）	石油（万 t）	汽油（万 t）	柴油（万 t）	天然气（亿 m³）	电力（亿 kW·h）
内蒙古	18927	36499.76	1532.74	869.24	305.76	475.13	39.15	2542.86
广西	9761	6046.71	1000.12	1227.6	290.89	573.34	8.37	1134.32
贵州	9948	12833.49	310.42	842.4	293.99	453.96	13.32	1174.21
云南	10357	7712.85	879.33	1108.29	312.95	582.87	6.34	1438.61
西藏	—							
青海	4134	1508.12	249.21	261.43	44.96	114.53	44.38	658.00
宁夏	5405	8907.37	488.53	210.11	36.08	122.75	20.65	878.33
新疆	15651	17359.28	748.59	1422.81	254.5	637.14	145.84	2190.68

数据来源：《中国能源统计年鉴 2016》，西藏数据暂缺。

表 4.4　2015 年民族八省区发电量与电力消费量　（单位：亿 kW·h）

省区	发电量	电力消费量	火力发电	水力发电	风力发电	太阳能发电
内蒙古	3929	2542.86	3421.92	36.42	407.88	56.99
广西	1300	1334.32	516.25	749.31	5.91	0.38
贵州	1815	1174.21	983.94	789.22	39	—
云南	2553	1438.61	266.47	2177.57	92.28	5.68
西藏	45	—	1.49	39.51	—	2.61
青海	566	658.00	122	364.33	6.59	72.67
宁夏	1155	878.33	1015.83	15.53	80.51	40.78
新疆	2479	2190.68	2059.96	209.05	147.83	59.38

数据来源：《中国能源统计年鉴 2016》。

　　由此，本书认为存在这种可能性，即中国中西部民族地区作为能源的主要生产地，生产大量能源，中国东部地区作为能源的主要消费地，消耗大量能源。能源消费作为碳排放的主要来源，在能源的生产与消费之间，碳排放却留在了中西部的民族地区。例如，中西部的民族地区使用煤炭进行火力发电，再通过电网向外地输出清洁的电能，燃烧煤炭产生的碳排放却留在了当地（具体案例可以参见本书的第五章第四节）。这一过程中就产生了地区发展之间贡献与利益、权利与义务不对等的问题。

（三）民族地区生态资源禀赋

我国民族地区地域广阔，地表类型多样，荒地、沙地、盐碱地、石漠化土地面积大，碳汇潜力巨大。本书从民族地区富集的碳汇资源，看该区域的绿碳资源禀赋。

从总体上看，新增造林面积、森林蓄积量以及可用于造林的土地，是林业碳汇产生的基础。2016 年民族八省区森林资源概况见表 4.5。2016 年，民族八省区中位置靠北的省区，虽然森林覆盖率低，但是由于省区面积大，森林总面积大，新造林面积大，因此，林业碳汇潜力大。位置靠南的省区虽然省区面积不大，但是森林覆盖率高，新造林面积也不小，森林总面积比较大，森林蓄积量也比较大，通过森林管护与再造林也具有较大的碳汇潜力。

表 4.5　2016 年民族八省区森林资源概况

地区	新造林面积（万 hm²）	森林总面积（万 hm²）	森林覆盖率（%）	森林蓄积量（万 m³）
内蒙古	100.8	2487.9	21.0	134530.48
宁夏	8.19	65.6	12.63	660.33
西藏	5.59	1491	12.14	226207.05
新疆	21.60	800	4.9	33654.09
贵州	35.2	916	52.0	30076.43
广西	24.45	1457	62.28	50936.8
青海	12.67	452	6.3	4331.21
云南	30.842	2273.56	59.30	169309.19

资料来源：民族八省区各省区林业厅公布的数据及《中华人民共和国 2016 年国民经济和社会发展统计公报》。其中，森林蓄积量来源于《中国统计年鉴 2017》，西藏的数据来源于《2016 年西藏自治区环境状况公报》。

从个案上看，绿碳资源可分为以下三个方面。

林业碳汇资源方面。位于河北省围场满族蒙古族自治县的塞罕坝机械林场，通过半个世纪的植树造林使得"沙源"变林海，是目前世界上面积最大的人工林，是守卫京津冀的重要生态屏障。塞罕坝机械林场内人工林已达 112 万亩（1 亩≈666.67 m^2），森林覆盖率提高到 80％，森林资源总价值超过 153 亿元，单位面积林木蓄积量是全国人工林平均水平的 2.76 倍。据中国林科院评估，塞罕坝百万亩人工森林生态系统，每年为滦河、辽河下游地区涵养、净化水源达 1.37 亿 m^3；每年可吸收二氧化碳 74.7 万 t，释放氧气 54.5 万 t。据中国碳汇基金会测算，塞罕坝机械林场有 45 万余亩森林能够包装上市，碳排放权交易总额达 3000 多万元。[①] 2018 年该林场首批森林碳汇项目计入期为 30 年，期间预计产生净碳汇量 470 多万 t。项目全部完成交易后，预计可带来超亿元的收入，碳汇交易使得青山变成货真价实的金山。

草地碳汇资源方面。内蒙古呼伦贝尔大草原是世界著名的天然牧场，总面积约为 10 万 km^2，有"牧草王国"之称。该草原由东向西呈规律性分布，地跨森林草原、草甸草原和干旱草原三个地带。除东部地区约占本区面积的 10.5％为森林草原过渡地带外，其余多为天然草场。多年生草本植物组成大草原植物群落的基本生态性特征，草原植物资源约 1000 余种，生物资源丰富。据测算，1 km^2 天然草原固碳能力为 1.5t，相当于减少二氧化碳排放量 6.9t。草原碳汇是不亚于森林碳汇的宝贵资源，具有重要的生态价值和经济价值。

湿地碳汇资源方面。湿地被誉为"地球之肾"，调节气候和维护生态平衡的作用很大。湿地植被能够吸收大量二氧化碳并释放出氧气，其中一些植物还能吸收有害气体，调节大气组分。与此同时，湿地也会排放甲烷、氨气等温室气体。（青海）可可西里自然保护区位于青藏高原西北部，面积达 8.3 万 km^2，是青藏高原最大、最集中的高原湿地之一，湖泊、河水流域等湿地面积达 4 万 km^2，还有大面积的冰川、冻土资源。境内湖泊众多，总面积达 5000 多 km^2，是长江源外流区、柴达木内流区和东羌塘内流湖区重要水源涵养区，生态地位非常重要。可可西里自然保护区是青藏高原首个世界自然遗产地（2017 年 7 月，中国青海省可可西里入选世界自然遗产名录）。2017 年青海省湿地面积为 814.36 万 hm^2，占中国湿地总面积的 15.19％。

---

① 黄俊毅.塞罕坝:高寒荒漠的绿色传奇[N].经济日报,2017-08-04(1).

二、资源开发与生态保护背景下的民族地区碳贫困成因分析

我国民族地区的发展存在着自然资源富集的有利因素，也存在着生态环境脆弱、自然灾害频发的不利因素，又由于地区经济社会发展整体水平低、贫困面大，导致资源开发利用中的社会成本高、生态环境保护中的私人收益小。在资源开发利用与生态环境保护中，受到负外部性影响的一方或者创造正外部性的一方得不到有效补偿，生态保护的水平难以达到社会最优。因此，资源环境外部性影响下的民族地区致贫原因复杂，脱贫攻坚需要克服更多的困难，妥善处理多重关系。

（一）自然资源富集型民族地区资源开发与贫困之间的关联

自然资源是自然界恩赐给人类社会的天然财富，一直被视为经济增长与社会发展的重要保证。自然资源既是经济资源也是环境资源，具有经济价值和生态价值。经济价值与生态价值常出现冲突，经济价值的实现会以生态价值的消失为代价。

在改革开放和社会主义市场经济深入发展中，民族地区的工业化、现代化进程明显加快。传统以牺牲环境为代价换取较快经济增长的方式，导致民族地区生态系统失衡，生态产出高于生态投入，引发资源的掠夺式开发与生态退化、环境污染等问题。民族地区资源开发背景下的典型灰碳贫困地区有内蒙古鄂尔多斯市、贵州六盘水市、广西百色市、云南昭通市。

在能源资源富集的民族地区，一方面，能源工业投资占第二产业的投资比重较大，能源经济在工业经济中的比重大，地方经济发展对资源开发的依赖度较高（图 4.1）。2015 年，在民族八省区中，内蒙古、新疆和云南作为能源大省区，能源工业不仅投资额大，而且占第二产业投资额的比重高。[①] 然而，2015 年这三省区的经济增长速度却比较慢。其中，内蒙古的增速最慢，为 7.7％。

另一方面，煤炭、石油等资源在开发利用中不仅会影响区域生态环境，

---

① 数据来源：《中国能源统计年鉴 2016》，民族八省区各省区《2015 年国民经济和社会发展统计公报》。

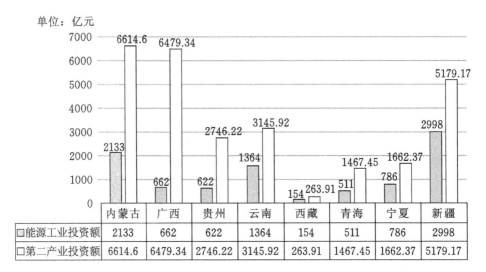

单位：亿元

图 4.1　2015 年民族八省区能源工业投资额与第二产业投资额对比

还释放温室气体和其他有害物质，现有的能源供给体系、价格体系不能充分
反映污染项目的负外部性问题。① 民族地区的生态一般比较脆弱，碳资源的开
发利用对生态环境，居民生产生活、健康状况、自我发展权等产生一系列负
外部性影响，从而导致灰碳贫困。

　　本书从已有的相关文献中梳理出民族地区自然资源开发对生态环境的负
外部性影响，见表 4.6。

表 4.6　民族地区自然资源开发对生态环境的负外部性影响

民族地区	开发的自然资源类型	对生态环境的负外部性影响
内蒙古②	煤炭资源	草地被严重破坏、地下水被污染、周边环境被污染、地面塌陷等
新疆③	矿产资源	废石土堆放占用土地、损毁土地，地表水和地下水被破坏或污染，大气被污染（工业废气、烟尘排放、煤层自燃、扬尘），地质灾害（地面塌陷、滑坡、崩塌、泥石流等）

　　① 从保障经济社会可持续发展角度看,化石能源产品价格既要反映生产成本,更要包
括环境与安全成本。

　　② 晶晶.内蒙古煤炭资源开发利用的负面影响及其对策研究[D].呼和浩特:内蒙古师
范大学,2009.

　　③ 王明珠.新疆矿产资源开发生态补偿机制研究[D].北京:中国地质大学,2014.

续表4.6

民族地区	开发的自然资源类型	对生态环境的负外部性影响
青海①	矿产资源	滑坡、崩塌、泥石流、地面塌陷等地质灾害，土地资源占压与破坏，废水、废渣、固体废弃物对地表水、地下水的污染等
西藏②	矿产资源	草地被破坏、水系统和水资源被破坏、空气被污染、土壤生态污染、地质灾害
宁夏③	煤炭资源	大气被污染、土地被侵占、植被被破坏、水土流失、地质灾害
贵州④	煤炭资源	直接占用土地、污染土壤环境、引发次生地质灾害（滑坡、泥石流）等
广西⑤	矿产资源	土地被破坏、植被破坏、大气被污染、水源被污染、地质灾害
四川⑥	水电资源	河谷大量耕地被淹没，河岸植被毁坏严重，山体滑坡、泥石流等自然灾害频发

　　具体以内蒙古为例，内蒙古是我国的煤炭资源大区，火力发电的规模大，2015年二氧化硫、氮氧化物的排放量均位居各省市前列。其中，二氧化硫排放量123.09万t，仅次于经济大省山东省，居第二位。⑦

　　我们通过梳理文献发现，民族地区自然资源开发对生态环境的负外部

---

　　① 马小强,毕海良,孙莹,等.青海省矿山环境地质问题及防治建议[J].青海环境,2012(3):135-137.

　　② 胡烨.西藏矿产资源开发生态补偿机制研究[D].拉萨:西藏大学,2012.

　　③ 施海智.宁夏矿产资源生态补偿机制的法律价值刍议[J].法制与社会,2012(7):172-173.

　　④ 王慧.煤炭资源开发对土壤环境影响分析:以贵州六盘水为例[J].中国地质灾害与防治学报,2004(3):69-72.

　　⑤ 黄罗义.广西矿产资源开发生态补偿法律问题研究[D].南宁:广西大学,2014.

　　⑥ 陈鹰,丁彦华.公平视角下四川民族地区水电开发生态资源有偿使用研究[J].西南民族大学学报(人文社会科学版),2014(3):135-139.

　　⑦ 中华人民共和国国家统计局.中国统计年鉴:2016[M].北京:中国统计出版社,2016.

性影响是多方面、多层次的，既有共性又有个性。民族地区自然资源的开发在创造财富的同时，带动了基础设施的建设，推动了区域经济社会发展，但是在负外部性影响下，给原本脆弱的生态环境带来巨大压力，给当地人民群众的生产生活带来了困难，甚至带来安全隐患，极易出现因灾致贫返贫的现象。然而，民族地区既要面对生态环境普遍脆弱、自然资源开发利用的负外部性影响大的现实，又要面对公共财政收入少、支出多、支撑地区绿色发展的资金不足的窘况。例如，2016 年我国五个自治区的公共财政预算收入总计 5415.29 亿元，公共财政预算支出达 15935.17 亿元[①]，支出远大于收入。这五个自治区财力薄，任务重，能用于生态环境保护的公共财政极为有限。这种情况下，极易造成民族地区经济社会发展的质量不高，地区自我发展的能力不足，地区人民群众的发展权被限制，从而出现区域性贫困，区域性脱贫难。

相较于东中部经济较发达地区，西部民族地区经济较长时间低水平发展，交通闭塞，生产方式落后，思想观念落后，受宗教文化的影响大。一方面，煤炭等自然资源的大量开采给地区环境保护带来巨大压力，对地方群众的生产生活产生很大影响。另一方面，丰富的资源很容易造成人们不思进取，形成资源依赖惯性，使得他们没有动力去进行产品、生产技术、生产方式、产品市场等方面的变革与创新，不利于人力资源的更新、技术的进步、市场的拓展，最终会制约地区经济增长的速度与质量。

在煤炭等自然资源富集的民族地区，因煤炭资源的开发利用，农民的生产生活方式、收入结构发生变化。在这个过程中，只有少数农民的发展权得到拓展，而大多数农民的发展权受到制约。煤炭开采与火力发电造成大气污染、水污染、生态破坏、地质塌陷、区域气候波动大等一系列问题，农民的生产生活环境受到较大负面影响而被迫搬迁，而大多数农民自身发展能力薄弱，再加上生产资料、资金、技术、生产空间的缺乏，短时间难以适应新的生活环境，贫困群众的生计更加困难，既造成脱贫难，又容易产生返贫现象。

综上，通过相关文献研究结论的梳理，结合笔者的调查研究，本书认为，对于自然资源富集型民族地区，因为煤炭等富集自然资源开发中的负外部性影响，

---

① 经济发展司.2017 年民族自治地方国民经济与社会发展主要指标［EB/OL］.(2019-01-09)［20219-12-25］.https://www.neac.gov.cn/seac/xxgk/201901/1131291.shtml.

受资源开发利用政策与制度的影响而形成的灰碳贫困存在着如图 4.2 所示的发生机制。

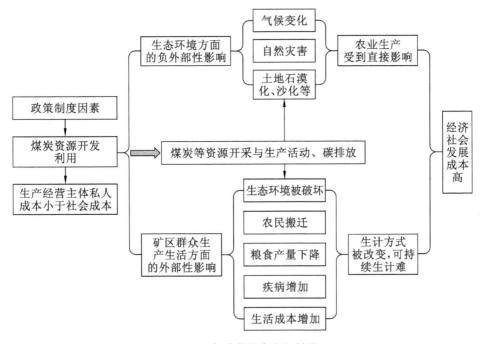

图 4.2　灰碳贫困发生机制图

与此同时，我们也不可否认，丰富的自然资源开发利用给地方带来了大量的资源收益，增加了财政收入，创造了大量就业岗位，促进了当地经济社会的发展，提高了区域公共服务能力，带动了相关产业的发展，促进了基础设施的建设、市场的繁荣。但是目前的资源收益分配制度、权责的不对等极易造成贫富差距，又由于人的权利与能力不一，少数人占有多数财富，利益分配不均，民族地区出现发展慢、发展难与发展不平衡的灰碳贫困。

（二）生态资源富集型民族地区生态保护与贫困之间的关联

通常情况下，一个地区的良好生态不仅能使本地人受益，还会通过生态服务功能的扩散，影响其他地区，这就是区域间的外部性影响。例如中国西南地区的森林资源是长江珠江流域的"绿色水库"，不仅为长江珠江流域提供水源，还调节全流域的气候，是长江珠江流域可持续发展的先决条件。西北地区的植被是黄河流域的绿色屏障，保护着黄河流域免于风沙和水土流失的威胁。[1] 西部地区大多为民族地区，少数民族聚居，他们在广阔的西部从事着生产活动，保护着西部的生态环境，然而地区经济社会发展比较落后。民族地区生态良好的绿碳贫困地区有：吉林延边朝鲜族自治州、云南西双版纳傣族自治州、贵州黔东南苗族侗族自治州、湖北恩施土家族苗族自治州、广西河池市。

建立自然保护区是保护森林生态系统、湿地生态系统和珍贵野生动植物物种的主要手段，是保护生物多样性的重要措施。西部民族地区的自然保护区虽然数量不是很多，但是面积占全国自然保护区总面积的近七成（表4.7）。

表 4.7　民族八省区与全国自然保护区基本情况

地区	自然保护区个数(个)		自然保护区面积(万 hm²)	
	2015 年	2016 年	2015 年	2016 年
内蒙古	182	182	1271.0	1270.3
宁夏	14	14	53.3	53.3
西藏	47	47	4136.9	4136.7
新疆	31	31	1957.5	1958.5
贵州	124	124	89.3	89.5
广西	78	78	141.9	135
青海	11	11	2166.5	2177.3
云南	159	160	287.3	288.3
民族八省区总计	646	647	10103.7	10108.9
全国总计	2740	2750	14702.8	14733.2

数据来源：《中国统计年鉴 2016》《中国统计年鉴 2017》。

从实践来看，2015 年中国各地区林业重点生态工程（天然林保护工程，退耕还林工程，三北及长江流域防护林建设工程）建设中，民族八省区林业重点工程建设的面积为 1596618 hm²，占全国总面积的近四成（38.23%）。[2]

---

① 苏多杰.关于西部为全国提供生态公共产品的思考[J].青海社会科学,2001(5):48-53.
② 国家统计局农村社会经济调查司.中国农村统计年鉴:2016[M].北京:中国统计出版社,2016.

西部民族地区承担着生态建设的重任，付出了巨大的发展成本：一是生态建设为一项系统工程，工程投入大，成本高，持续时间长，西部承担了与其经济发展水平不相适应的巨大成本。例如生态环境保护中的退耕还林，一方面造成土地收益的损失，另一方面造成土地利用方式改变后管理成本增加［退耕还林中造林成本（直接成本）及森林管护成本（间接成本）的增加］。二是西部承担失去发展的机会成本。西部生态功能区的定位，将制约西部经济发展，如制约产业发展方向、类型和空间，在长江、黄河中上游实行的天然林保护工程、退耕还林、退耕还草，都会影响当地的经济发展，进而影响当地人的收入、生活水平。虽然国家实行退耕还林补助，但是这些政策都是阶段性的，缺乏生态建设投入的长效机制。①

从理论上看，生态价值的实现会以牺牲经济价值为代价。生态服务通常具有公共物品的属性，无法通过市场自发地由私人对这种服务支付费用。要保持自然资源的生态价值，就必须使自然资源处在维持生态服务功能的自然状态。此时，自然资源就无法在市场上出售以兑现其经济价值。自然保护区中私人产权被弱化，是划定保护区通常会遇到的问题。我国自然保护区与重要生态功能区大部分属于国家所有，但由于各种原因，保护区内部和周边地区还有很多居民，他们以种植、狩猎、放牧等维持生计，因生态环境保护的需要，其生产生活将受到限制。例如，贵州省茂兰国家级自然保护区，因为禁止保护区的农民攫取保护区资源，该保护区的农民就不能进行狩猎活动；为了保护当地的生态环境和维护生物多样性，禁止开发利用保护区的森林与生态资源，大多数农民因为可行能力不足而生活贫困。②

自然保护区、国家重点生态功能区与集中连片特困区在地理分布上高度耦合。国家25个重点生态功能区中有19个处在集中连片特困区。从分布的总体特征可以看出，生态富集地区与贫困地区存在着重要的关联，生态富集区大多为贫困地区。本书所研究的两个案例，六盘水市就处于桂黔滇喀斯特石漠化防治生态功能区，恩施州就处于武陵山生物多样性及水土保持生态功能区。

长期以来，民族地区的少数民族群众世世代代以"靠山吃山，靠水吃水"的朴素情怀开展传统种植业和养殖业，从事生产生活，发展经济。民族地区

① 陈祖海.西部生态补偿机制研究[M].北京:民族出版社,2008.
② 李忠将.生态贫民:要温饱还是要环保[J].环境经济,2006(5):40-41.

大多处于禁止开发区和限制开发区，地区发展受到限制，基础设施建设落后，公共服务能力弱，产业开发程度不高，量小质低，财政收入小于支出，人均收入低，所辖县（市）大多为国家和省级扶贫开发工作重点县（市）。生产生活方式传统，自我发展权又受到限制，发展基础薄弱，可持续发展难是民族地区贫困的重要原因。

禁止开发区和限制开发区对生态系统的保护和修复活动，不仅可以增加当地的生态系统服务能力，还可以增加对其他地区的生态系统服务能力，具有明显的正外部性特征。如果国家对生态功能区实施管制而不给予补偿，这就意味着该区域的发展被贴上了封条，当地居民就难以享有如同优化开发区和重点开发区居民同等使用资源的权利，也将不具有如同他们一样的发展潜能，生活方式将会被迫改变。

自然生态利益是民族地区的一项重要利益。维护民族地区的自然生态利益，是发展民族经济，提高少数民族群众物质文化生活水平，加强民族团结，保持社会稳定，全面推进民族地区小康社会建设的需要，是代表少数民族群众根本利益的表现。[①] 然而，生态资源富集民族地区作为重要的生态功能区，在进行生态建设的同时，资源开发与利用的权利受到限制，经济发展滞后，贫困问题突出。以高森林覆盖率为代表的生态富集民族地区，森林吸收大量二氧化碳，维护生态平衡。但是，一方面，为保护生态环境，该民族地区开发程度不高，发展受到限制；另一方面，天然林保护补偿标准低，森林管护困难，投入不足，森林碳汇的价值没有被充分挖掘。"脚下是煤没煤烧，山上有树不值钱"可以形象地体现民族地区碳贫困的特征。

综上，笔者通过梳理相关资料与数据，并结合相关调查研究认为：对于生态环境良好的民族地区，因为生态环境保护要求严格，受发展政策与制度的限制，生态建设的私人收益小于社会效益，地方社会经济发展不足而形成的绿碳贫困存在着如图4.3所示的发生机制。

总之，民族地区的贫困与生态环境、资源开发利用之间存在着密切的联系。"碳资源富集的贫困"是其显著特征，表现出以煤炭能源资源富集的灰碳贫困与森林碳汇资源富集的绿碳贫困。民族地区具有灰碳贫困与绿碳贫困特征的县（市）很多。为了具体说明这两种类型碳贫困的特征、致贫机理以及如何应对碳贫困，基于碳贫困问题研究对象的典型性，实地调查研究的可行

---

① 雷振扬.民族地区自然生态利益探析[J].民族研究,2004(3):38-46.

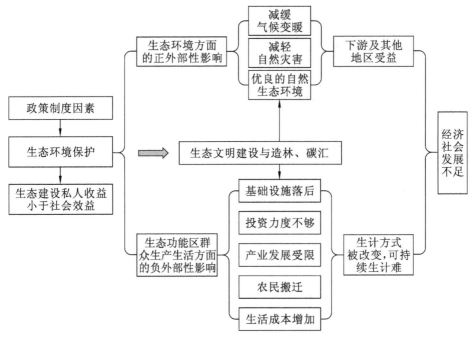

图 4.3　绿碳贫困发生机制图

性、便利性，本书将以贵州六盘水市灰碳贫困和湖北恩施州绿碳贫困进行两种类型碳贫困的案例研究。从自然地理上看，六盘水市、恩施州都处于中纬度地区（北纬 30°附近），属于季风性气候区，雨热同期，都处在我国的生态功能区、水系源头区，生态地位重要，且都属于山区，碳资源丰富。不同的是，六盘水市以煤炭为主的传统能源资源丰富，恩施州以森林碳汇资源为主的生态资源丰富。从人文地理上看，六盘水市和恩施州都是中国的少数民族聚居区（主要有土家族、苗族、彝族、布依族），都处在集中连片特困地区，区域性整体贫困特征明显，脱贫攻坚任务艰巨。

三、本章小结

中国民族地区地大物博，自然资源丰富，生态环境良好与生态环境保护压力大并存，由于历史和自然等多方面的原因，与东部发达地区相比，民族地区发展相对落后。贫困问题突出，经济社会的落后与自然资源的富有，是民族地区经济发展面临的主要困境。

因资源富集而处于"富饶的贫困"中的民族地区要摆脱贫困同步实现小康，需要科学的理论指导。本书所运用的五个理论中，资源禀赋理论和"两山"理论是基础，外部性理论是重点，可行能力理论是关键，"两个共同"理论是落脚点，这五个理论既各自独立又相互关联。民族地区的碳贫困可以视为一种特殊类型的贫困。碳贫困的成因主要是在资源开发、生态环境保护中生产经营主体私人成本小于社会成本；生态建设的私人收益小于社会效益，既受到不利自然因素的影响，又受到政策制度因素的影响，地区群众可行能力不足，地方经济社会可持续发展难。

摆脱碳贫困的关键是将人的发展与资源开发相结合，提高贫困人口的可行能力，发挥市场的作用，把资源所在地居民分享资源开发与保护的红利放在重要位置。有关碳资源的开发利用中，要尊重并依靠少数民族群众，发挥他们的主观能动性，着重提高他们的可行能力，调动他们脱贫致富的积极性与主动性，把发展作为解决民族地区碳贫困的关键。结合民族地区富集的资源，借助发达地区先进的市场资源要素，通过市场优化资源配置，加大基础设施建设力度，提升基本公共服务能力，开发与资源禀赋相适应的产业发展模式，依托资源优势发展特色产业，提高少数民族群众的自我发展能力。在保护中开发，以开发促保护，谋划实现"增长—减贫—生态"三赢的政策制度，最终实现民族地区经济社会与生态环境的绿色可持续发展。

第五章　民族地区煤炭资源开发利用与碳源：贵州六盘水市灰碳贫困

一、六盘水市的资源禀赋与碳贫困概况

贵州喀斯特石漠化区是我国岩溶分布集中、生态环境恶劣、自然灾害频繁、生产力水平低下的极端贫困地区。石漠化现象日益严重导致该地区经济、生态"双重贫困"，从而使该地区成为中国扶贫开发的重点地区和难点地区。石漠化区在贵州省分布广、面积大；石漠化类型多样、代表性强；石漠化程度重、生态安全形势严峻。贵州省有35个县被贵州省扶贫办列为石漠化综合治理重点县。其中，六盘水市的钟山区、六枝特区和水城县被列入。[①]

六盘水市位于贵州省西部，东邻安顺市，西接云南省曲靖市，南连黔西南州，北邻毕节市。该市处在长江、珠江上游分水岭，南盘江、北盘江流域两岸，煤炭资源丰富。

1964年，国家在贵州西部煤炭储量丰富的六枝、盘县、水城三县境内建立煤炭基地，六盘水这个组合性的专用名称由此而来。2016年，该市面积9914 km²，占贵州省总面积的5.63%，境内岩溶地貌类型齐全，发育典型。

---

① 资料来源：《滇桂黔石漠化片区区域发展与扶贫攻坚规划（2011—2020年）》（国开办发〔2012〕54号），2012年7月。

全市共辖 4 个县级行政区（六枝特区、盘县、水城县、钟山区）①，87 个乡镇办（22 个街道办事处、39 个镇、1 个乡、25 个民族乡）。全市共有 44 个少数民族，以彝族、苗族、布依族为主。其中，彝族人数最多，分布于全市 46 个民族乡。全市少数民族分布具有"大分散，小集中；大杂居，小聚居"的特点。

六盘水市是国家"三线"建设时期发展起来的一座能源原材料工业城市，是全国"十四大煤炭基地"之一，也是国家"西电东送"的主要城市，还是西南乃至华南地区重要的能源原材料工业基地。丰富的煤炭资源是该市重要的能源支撑和产业支柱，煤炭远景储量达 844 亿 t，探明储量 233.24 亿 t，保有储量 222.74 亿 t，煤层气资源储量 1.42 万亿 m^3，占贵州省的 45%，在全国 63 个重要煤层气目标区中位列第 12。六盘水市矿井开采规模大，截至 2016 年 7 月底，全市煤矿在籍总数为 234 处，总规模 8929 万 t/a。在 1966—2016 年的资源开发中，六盘水市共向国家输送原煤 10 亿 t，发电 4000 亿 kW·h，为国家能源保障和经济建设做出了突出贡献。但是，由于生产工艺落后、发展方式粗放等原因，资源开发利用给地方生态环境、人们的生产生活带来了较大影响。

六盘水市的碳贫困是一种灰碳贫困。受矿产资源开发周期和资源产业发展规律的影响，资源开采一般伴随着兴起—发展—繁荣—衰败—转型—消亡或振兴的过程。随着资源的开发与枯竭，资源型地区通常面临着"四矿"（矿业、矿工、矿山、矿城）和生态破坏、环境污染等问题，农民收入不稳定，资源型地区经济社会难以可持续发展。六盘水市的煤炭资源开发利用受国家煤炭资源开发和能源利用总体环境的影响较大。近年来，虽然地区生产总值、固定资产投资在不断增加，但是增速逐年放缓。其中，根据《六盘水市 2018 年国民经济和社会发展统计公报》的数据，六盘水市地区生产总值增速由 2014 年的 14.1% 下降至 2018 年的 8.8%，固定资产投资增速由 2014 年的 23.9% 下降至 2018 年的 17.3%。从经济发展的总体形势来看，作为资源型城市的六盘水市脱贫攻坚"啃硬骨头"的压力逐渐增大。

---

① 2017 年 4 月，根据《民政部关于同意贵州省撤销盘县设立县级盘州市的批复》，经国务院批准，同意撤销盘县，设立县级盘州市，以原盘县的行政区域为盘州市行政区域。盘州市由贵州省直管，六盘水市代管。

六盘水市在拥有丰富煤炭资源的同时，面对的却是集中连片特困的现实。该市农村贫困人口数量大，农民收入渠道窄，家庭负债率高。"富饶的贫困"状况下脱贫攻坚任务繁重。

灰碳贫困主要表现在以下四个方面：

第一，虽然贫困人口持续减少，但贫困人口基数大、贫困程度深的状况尚未根本改变。截至 2015 年年末，六盘水市有贫困村 615 个，贫困人口 41.65 万，贫困发生率达 15.67％。贫困发生率比 2014 年下降 3.9 个百分点。[①] 与此同时，贵州省的贫困发生率为 14％，作为贵州省的一个煤炭资源大市，六盘水市的贫困发生率比全省平均水平还要高。六盘水市所辖的 4 个县（特区、区）中，有 3 个国家扶贫开发重点县。其中，盘州市（原盘县）既是国家经济百强县（市）又是国家级贫困县（市），"富饶的贫困"特征明显。

第二，虽然地区发展条件不断改善，但连片特困区域多、发展难度大的状况尚未根本改变。六盘水市连片特困区域主要分布在深山区（乌蒙山区）、石漠化地区（滇桂黔石漠化区），生态环境脆弱，自然灾害多发，生产生活条件恶劣，扶贫开发成本高，依靠自身能力摆脱贫困的难度大。

第三，虽然发展速度持续加快，但致贫因素多、返贫压力大的状况尚未根本改变。近些年，虽然六盘水市的主要经济指标增速高于全省平均水平，但是导致贫困的深层次问题还未根本解决，基础设施较为落后，教育卫生资源分布不均、质量不高，农村人力资源开发不足，富民产业开发滞后，防灾抗灾能力较弱，因病因灾致贫等问题突出。

第四，虽然贫困群众收入持续提高，但收入差距拉大、相对贫困凸显的状况尚未根本改变。六盘水市因煤炭资源开发而发家致富的毕竟是少数，多数居民可行能力低，收入低。资源与财富占有不均，城乡发展不平衡，城乡居民收入比有进一步增大的趋势，城乡二元结构、农村二元结构矛盾仍然突出。

在新时代中国经济发展方式转变、产业结构转型升级加快的背景下，国民经济的繁荣程度对能源行业发展的影响大，贫困地区人们日益增长的美好生活需要对减贫工作提出了更高的要求。六盘水市作为中国西南地区典型的

---

① 贵州省统计局,国家统计局贵州调查总队.贵州省统计年鉴:2016[M].北京:中国统计出版社,2016.

煤炭资源型贫困民族地区①，在以煤炭、钢铁为主导的传统产业受到资源、环境、市场容量等因素的制约，生态环境保护的压力大，产业结构转型升级的要求十分迫切，资源依赖型的发展方式难以可持续的背景下，脱贫攻坚的任务重，在经济建设与社会发展中灰碳贫困的状况亟须改变。

二、六盘水市煤炭资源开发利用的负外部性影响

（一）煤炭资源开发利用中的碳源分析

碳元素是生命的基本组成元素。大气中必须存在二氧化碳，然而近百年来，人类的生产与经济活动消耗了大量化石燃料，使得大气中的二氧化碳快速增加，打破了地球原有的碳循环生态平衡。根据联合国政府间气候变化专门委员会第三次评估报告：近50年的全球气候变暖主要是由人类活动大量排放的二氧化碳、甲烷、氧化亚氮等温室气体的增温效应造成的。在全球变暖的大背景下，中国近百年的气候也发生了明显变化，主要观测事实有：近百年来，中国年平均气温升高了 0.5～0.8℃，略高于同期全球增温平均值；中国年均降水量变化趋势不显著，但区域降水变化波动较大；近50年变暖尤其明显；主要极端天气与气候事件的频率和强度明显变化；沿海海平面年平均上升速率为 2.5 mm，略高于全球平均水平；山地冰川快速退缩，并有加速趋势。②

关于碳源，《联合国气候变化框架公约》（UNFCCC）将"碳源"（carbon source）定义为向大气中释放温室气体的过程、活动或机制。从实体上看，碳源是排放碳的"库"。向大气中释放温室气体的过程可以分为人为排放和自然排放。因此，碳源可以分为人为碳源和自然碳源。海洋的碳吞吐、火山喷发、草原和森林火灾、动植物的呼吸作用等自然排放温室气体的过程都属于自然碳源。人类的活动特别是能源的生产和消费活动是人为碳排放

---

① 贵州省复杂的地质环境、喀斯特地貌的生态环境脆弱性及高硫煤的普遍性，使得区域生态环境问题尤为突出。

② 资料来源：《国务院关于印发中国应对气候变化国家方案的通知》（国发〔2007〕17号），2007年6月3日。

的主要来源。

20 世纪以来，煤炭、石油及天然气等矿物燃料的燃烧，植被被大量破坏导致碳被大量排放。能源碳源中的碳排放约占全球温室气体排放总量的 55%，是人为活动碳排放的最主要碳源。中国的资源禀赋特点决定了一次能源消费结构中以煤炭为主，煤炭的消费会产生大量碳排放。当前，大量碳排放从经济上可以理解为人类社会生产经营活动的外部性（生产经营主体的私人成本小于社会成本），由于未将碳排放外部性成本纳入社会生产成本，因此，生态资本价值游离于市场经济范畴之外，造成社会经济发展过程中对生态资本的"掠夺式消费"。日本学者速水佑次郎的研究就表明：能源资源丰富的国家能源价格低，诱发了能源高消费和二氧化碳高排放的趋势，最终使生态资本面临枯竭的危机，人类将面临生态危机。减少碳排放的主要途径有开发利用清洁能源；提高化石燃料的利用效率；技术改造，节能降耗，使用低碳燃料和减缓电力需求。

有鉴于此，本书中所说的碳源均指人为碳源，主要包括能源活动的碳源与工业生产的碳源。此外，根据碳贫困的特征，碳源还涉及煤炭等资源开发利用对农民生产生活的外部性影响。

关于碳源的影响，温室气体含量上升与全球气温升高之间具有同步性。联合国政府间气候变化专门委员会在 2002 年的第三次评估报告中声明，有令人信服的新证据表明，过去 50 年间所观察到的气候异常，绝大部分是由人类使用化石燃料，例如煤、石油、天然气而排放大量二氧化碳等温室气体的增温效应造成的。如果不采取大规模的减缓气候变化行动，到 2030 年就会有 1 亿多人陷入极端贫困，消除极端贫困与战胜气候变化密切相关。[①] 在全球气候变化背景下，建立和完善碳交易市场，采取有效的减排增汇措施是应对气候变化的重要市场化途径。采取一系列措施减少人为碳排放，减小煤炭等自然资源开采对居民生产生活的负外部性影响是破解灰碳贫困问题的重要途径。

（二）煤炭资源开发利用对生态环境的负外部性影响

2015 年 12 月，《巴黎协定》确定缔约国新的温室气体减排责任，对国际

---

① 高伟东.消除极端贫困与战胜气候变化缺一不可[N].经济日报,2016-11-07(4).

碳市场产生深刻影响，标志着全球气候治理进入新阶段，意味着绿色低碳发展是时代发展的必然趋势。美国的一项研究显示，世界各国如果不实施更加有力的气候政策，未来全球贫困人口将比现在更加贫困。[①] 2009 年，乐施会与绿色和平组织的研究报告指出：在中国生态敏感地带的人口中，74％的人口生活在贫困县内，约占贫困县总人口的 81％，贫困人口分布与生态环境脆弱区的地理空间分布高度一致，而贫困地区正是全球气候变化的高度敏感区和重要影响区。[②] 中国的重点生态功能区基本上覆盖了 14 个集中连片特困地区，国家禁止开发区中 43％的区域位于国家扶贫开发工作重点县。资源丰富的民族地区大多处于生态功能区，生态环境脆弱，囿于经济社会发展的水平，资源开发利用的水平不高，极易对生态环境产生负外部性影响。

1. 煤炭等自然资源开发与气候变化、自然灾害之间的关联

气候是人类赖以生存的自然环境，也是经济社会可持续发展的重要基础资源，气候变化关乎地球、人类与生态环境的可持续发展。

2015 年中国年平均气温较常年偏高 0.95℃，为 1961 年以来最暖的年份，年平均降水量较常年偏多 3％。2015 年，新疆夏季高温天数突破历史极限，高温范围广、强度大，极端最高气温达 46.5℃；6—8 月南方出现 18 次暴雨，南京市、上海市、武汉市等大城市内涝严重；5—7 月云南省中西部降水明显偏少，出现春夏连旱。[③] 当前，以大量碳排放为主要特征的人类生产生活活动会影响生态环境。生态环境的变化会影响气候，气候变化亦可影响人类的生产生活，特别是直接影响农业生产活动。多因素之间的直接关联性影响形成了一个循环，某一环节出现问题就有可能出现恶性循环。

中国西南地区气候变化与自然灾害之间关系密切。云南、贵州两省的喀斯特地区受西南季风和东南季风的共同影响，是以流水侵蚀为动力的季风性湿润和半湿润地区，在特定气象条件和地质条件的共同作用下极容易发生洪

---

① 王悠然.气候变化对贫困人口影响大[N].中国社会科学报,2015-12-16(3).

② 许吟隆,居辉.气候变化与贫困:中国案例研究[R/OL].(2009-06-17)[2017-11-23]. https://www.greenpeace.org.cn/china/Global/china/_planet-2/report/2009/6/poverty-report2009. pdf.

③ 中国气象局科技与气候变化司.中国气候公报(2015)[R/OL].(2015-05-25)[2017-09-21].http://www.cma.gov.cn/root7/auto13139/201705/t20170531_417561.html.

涝、干旱、雪凝、冰雹等气象灾害，并伴随病虫害等次生灾害，是我国气象
灾害密集地区。[①] 贵州省六盘水市就处于该区域，气候是该区域农牧业生产的
重要自然影响因素，而农牧业生产是当地农牧民发展的重要基点、重要食物
和收入来源，这样气候就与贫困问题形成了重要的关联。2006—2015 年六盘
水市气候与主要自然灾害概况见表 5.1。

表 5.1　2006—2015 年六盘水市气候与主要自然灾害概况

年份	年平均气温	年降水量	年日照数	主要自然灾害
2006 年	偏高	偏少	偏少	冬季雪凝、春旱
2007 年	偏高	略偏少	偏多	冬季雪凝、洪涝
2008 年	略偏低	偏多	偏少	冬季雪凝、洪涝
2009 年	略偏高	偏少	偏少	低温雨雪冰冻、森林火灾
2010 年	略偏高	偏少	略偏多	特严重干旱、低温雨雪冰冻
2011 年	偏低	大幅偏少	偏少	严重干旱、低温雨雪冰冻
2012 年	东低西高	偏少	偏少	春旱、低温雨雪冰冻、暴雨
2013 年	偏高	偏少	偏多	冬春连旱及夏旱、冰雹
2014 年	偏高	偏少	偏多	暴雨次数多
2015 年	偏高	偏少	偏少	冰雹、强降雨

资料来源：2007—2016 年《六盘水市年鉴》，各年的气候状况均与常年相比。

由表 5.1 可知，六盘水市 2006—2015 年的气候状况中每一年的年平均气
温、年降水量和年日照数与常年相比都处在波动中。总体上呈现出年平均气
温偏高，年降水量偏少，年日照数偏少，洪涝、干旱和冬季雪凝等自然灾害
多发、易发，局部地区季节性多发的特点，对当地的农业生产活动造成直接
的不利影响。

以 2011 年西南地区大旱灾为例，2011 年贵州省 88 个县（市、区）均不
同程度受灾，其中 31 个县特旱，39 个县重旱。这是贵州自 1951 年有气象观

---

① 郑双怡.西南喀斯特地区农户气象灾害致贫的影响因素分析[J].西南民族大学学报
（人文社科版），2017（3）：40-45.

测记录以来，同期旱灾影响面、受灾程度、灾害损失最大的一年。① 其中，根据《六盘水市年鉴2012》的数据，2011年（严重干旱）六盘水市在实有耕地面积略有增加的情况下，主要农产品中的粮食总产量、单产量大幅下降。2011年的粮食产量为56.46万t；较2009年的86.02万t减少了29.56万t。旱灾造成粮食大量减产，不仅直接影响农民的农业生计，还会导致农民的农业收入减少，农民因灾致贫返贫的情况不可避免。

气候变化与自然灾害的发生受多重因素的影响，不可否认，人类活动是其中的重要影响因素之一。气候变化问题是环境外部性问题，一是威胁人们的生命财产安全；二是对受灾地区农牧业生产造成负面影响，农业生产的不稳定性增加；三是引起农业生产布局、作物生长条件、作物品种以及种植制度发生相应变化。因此，民族地区气候变化导致的少数民族群众因灾致贫、粮食减产、农业收入减少等情况将直接导致脱贫难或者返贫。

2. 煤炭等自然资源开发与土地石漠化之间的关联

中国石漠化主要发生在以云贵高原为中心，北起秦岭山脉南麓，南至广西盆地，西至横断山脉，东抵罗霄山脉西侧的岩溶地区，涉及黔、桂、滇、湘、鄂、川、渝和粤八省（区、市）的463个县，面积达107.1万km²，岩溶面积达45.2万km²。该区域是珠江源头、长江水源的重要补给区，也是南水北调水源区、三峡库区，生态地位十分重要。石漠化是该地区最为严重的自然生态问题之一，关系着珠江、长江的生态安全，制约区域经济社会的可持续发展。

石漠化的面积从省份分布状况来看，贵州省石漠化面积和潜在石漠化面积都最大。2016年，石漠化土地达302.4万hm²，面积最大，占石漠化土地总面积的25.2%；潜在石漠化土地面积也最大，为325.6万hm²，占潜在石漠化土地总面积的24.5%。石漠化地区植被以灌木为主，大部分植被群落处于正向演替的初始阶段，稳定性差，极易受到外来因素的影响与破坏。② 喀斯特地区受毁林毁草开荒、不合理的传统农业耕作方式、煤炭资源开采等人类生

---

① 邵侃,商兆奎.历史时期西南民族地区自然灾害的时空分布和发展态势[J].云南社会科学,2015(2):97-101.

② 国家林业局.中国石漠化状况公报:2012[R/OL].[2017-10-21].http://www.doc88.com/p-6751166041052.html.

产活动的影响，土地石漠化更加严重。

从贵州省石漠化的空间分布看，石漠化土地多集中分布在南部和西部，以六盘水、黔西南、黔南、安顺、毕节所占面积为最多，呈现出"南部重北部轻，西部重东部轻"的特点。在贵州 50 个扶贫开发重点县中，石漠化面积占全县面积 20% 以上的有 30 个县，而且凡是石漠化严重的地方，都是贵州最为贫困的地方。

从笔者在贵州六盘水市的调研看，该区域山不高，山河相间，植被稀疏，裸露在外的山体以石头为主，土壤稀薄，靠近道路、村庄的山上，大多被种植了农作物（玉米）、果树（刺梨），可耕地是石漠化区农业生产的重要生产资料。

在石漠化地区，土地是农民的生存之本，煤炭等资源开发利用，一方面使得地下水位下降，周边植被退化，造成水土流失，加快土地石漠化进程；另一方面碳排放会影响区域气候，气候异常引发自然灾害，继而直接影响农业生产，间接加快石漠化。以煤炭为代表的传统能源开发利用排放大量二氧化碳，碳排放引起的温室效应致使气候变化，气候变化造成洪涝、干旱、冰冻等自然灾害频发，自然灾害就会破坏植被。

中国西南喀斯特地区的气候变化、自然灾害与土地石漠化，对农民生产生活的负外部性影响是客观存在的。"十年九旱，一雨成灾"是对该区域脆弱的农业生产条件的形象描述。不可否认，自然灾害、土地石漠化是多种因素共同作用的结果，但可以认为气候变化是其中的重要原因，而煤炭等自然资源开发利用的人类活动是气候变化的重要影响因素。

以六盘水市的盘州市（原盘县）为例，2016 年，该市的喀斯特地貌总面积为 2635.98 km²，占盘州市土地总面积的 64.95%，已经石漠化的面积达 1187.4km²，占盘州市土地总面积的 29%。盘州市石漠化有自然和人为两个方面的原因，大多数是人为因素和自然因素共同作用的结果。盘州市地处云贵高原过渡的斜坡地带及西南季风的迎坡面，山高坡陡，降水丰沛，地表冲刷强烈，导致石漠化动力加强；境内人口密度大、生产建设活动频繁，以煤炭为主的矿产资源大量开采及陡坡开荒导致石漠化迅速发展，面积扩大。[①] 人为

---

① 吕文春,陈性平.贵州盘县石漠化现状及综合防治对策[J].中国水土保持,2013(8)：34-36.

因素有：森林被滥砍滥伐（历史上），土地被不合理利用（向山要粮，大量垦荒），矿产资源被过度开采。以煤炭为主的矿产资源粗放性开采更是导致石漠化的主要因素之一。近些年，盘州市大量开采煤炭资源，由于土地复垦政策落实不好，水土保持措施做得不够，矿产开采后，大量废渣、废水与煤矸石得不到有效处理，工业废渣堆积，洗煤污水排放不达标，致使水环境污染，水土流失，植物难生长，出现矿区石漠化加重的情况，对农民的生产生活造成负外部性影响。

（三）煤炭资源开发利用对群众生产生活的负外部性影响

丰富的自然资源是地区发展的重要物质支撑。煤炭资源开发利用的正外部性表现在：既可以促进地区基础产业的发展，又可以促进外向型经济的发展，有利于地区投资环境和基础设施的改善，有利于促进农业劳动力转移和生产条件改善。但是，煤炭资源的开发利用若缺乏有效监管，粗放、低效率的开采行为会导致环境污染和生态破坏。例如，煤炭开采中的"三废"未达标排放，煤矸石堆积占用土地、污染土壤，都会对农业生产和人民生活造成不利影响。

煤炭资源开发利用对生态环境产生负外部性影响。首先，煤矿开采破坏水均衡系统，随着资源的开采，地下水不断地疏干和排泄，导致地下水位下降，引起矿区主要供水源枯竭，造成地表植被干枯，土地石漠化。其次，采矿中产生的废水废渣以酸性为主，并多含有重金属以及有毒有害元素，而矿区附近的地表水又常作为废水、废渣向下游排放。地表水流经塌陷地区时渗入地下导致土壤、地表水和地下水的三重污染，并随水体流动将煤矿的污染扩展到其他区域。由此，煤炭资源开采对环境的影响由直接负外部性向间接负外部性转变。煤炭资源开发利用中排放的废气含有大量烟尘、二氧化硫、氮氧化合物等，污染矿区大气环境。再次，由于煤炭资源开发拉动其下游产业，如煤化工、火力发电、高耗能冶炼等行业，其发展所带来的废物、废气（温室气体）排放加重环境污染，影响区域气候。

除了对生态环境的外部性影响外，煤炭资源开发利用对人类生产生活的外部性影响，主要体现在传统农业生产背景下，农户的农业收入受到影响。六盘水市农业生产结构单一，煤炭资源开采导致耕地占用、地质塌陷，农民搬迁导致生产资料与生活空间的分离，农民农业生产资料缺失导致农业再生产困难，再者，多数农民可行能力不足，难以抓住经济社会发展中的新机遇，搬迁后农民的可持续生计困难。

煤炭资源丰富的地区受负外部性因素的制约，人民群众的收入来源单一，收入水平低，存在很多国家级贫困县，分布着大量的农村与城市贫困人口。程志强（2010）的研究就验证了上述观点，他以煤炭资源丰富的鄂尔多斯市为例，以城乡居民的居民福利水平为切入点进行研究。在丰富的煤炭资源开发对矿区农民的影响方面，他认为：一方面，地区煤炭资源丰富引致煤炭资源被大规模开发，为矿区及周边农民提供了从事非农行业的机会；另一方面，土地征用、农民搬迁等各类原因导致部分农户丧失从事农业生产的机会，非农收入与农业收入之间存在替代关系，对农户收入增加有一定促进作用，但是不明显。煤炭行业繁荣造成农民收入不平等，收入差距扩大。①

煤炭行业的发展还对经济社会生产中关键要素产生外部性影响。根据调研，六盘水市煤炭行业的快速发展带动了地区性工资水平的提高（该市煤矿工人的月平均工资在 5000 元左右，而且工资一旦上涨就难以下调），对其他行业产生一定的挤出效应，直接表现为地区劳动力成本的增加导致该市服务行业不得不承受不断提高的工资成本，出现招工难、用工贵等状况。地区煤炭行业的繁荣导致物价上涨，进而通过联动效应带动各类土地、劳动力等要素成本的上升，最终影响劳动密集型产业的市场竞争力，影响了这类产业的可持续发展，不利于地区产业结构的优化升级。

中国西南喀斯特地区地质条件复杂，生态脆弱，环境保护要求高，煤炭开采难度大、成本高，煤炭开发利用产生大量"三废"。废弃的煤矸石②、煤泥和煤灰若未被有效处理，不仅占用大量土地，还直接污染空气和水源。煤炭开采中排放的瓦斯，炼焦时排放的焦炉煤气，不仅污染大气环境，还对当地农作物造成直接影响。根据调研，仅盘州市（原盘县）境内的煤矸石废弃堆放就超过亿吨，生态环境压力大，矿区和电厂周边居民的生产生活受到影响，村矿之间多存在矛盾，群众上访事件时有发生。目前，六盘水市煤炭资源开发利用的总体规模不是很大，其他工业产业也不是很发达，所导致的生

---

① 程志强.资源繁荣与发展困境：以鄂尔多斯为例[M].北京：商务印书馆,2010.

② 煤矸石是与煤层伴生的一种黑灰色岩石。因其燃值低,大多作为固体废物被露天堆放、弃置不用。2018 年,六盘水市煤矸石产量达 701.4 万 t,不仅占用土地,煤矸石中的硫化物还会造成环境污染。

态环境问题对农民生活的影响面多呈现出一种点状分布，有别于北方的片状分布。

不可否认，在地方经济社会发展中，富集的能源资源的开发利用，一方面使地方政府可以获得直接收益，聚集财富，另一方面，对地区的综合发展产生一些正外部性影响。例如，促进交通、道路、通信、水电等基础设施的建设，带动餐饮、零售、酒店、医疗等服务行业的发展，提升公共服务能力，提高经济发展水平，扩大市场需求规模，有利于拓展当地群众的就业渠道、增加非农收入。

三、六盘水市能源活动碳排放测算

（一）碳排放的测算方法

碳排放是关于温室气体排放的总称或简称。由于温室气体中最主要的气体是二氧化碳，因此用"碳"一词作为代表。《联合国气候变化框架公约》中编制的《2006 年 IPCC 国家温室气体清单指南》（以下简称《指南》）为我们提供了国际认可的方法学①，可供各国估算温室气体的清单、编制国家温室气体清单报告。

温室气体排放主要来自能源、工业生产、农业、土地利用变化、林业以及废弃物。通用的碳排放计算方法为：排放量等于活动水平和排放因子的乘积。其中有三类排放因子可以选择，分别是 IPCC 缺省排放因子、国别排放因子、利用模型工具的复杂方法。针对不同的碳排放来源，计算方法不同。②

能源资源的开发利用通常是温室气体的最主要来源，世界上大部分经济体的能源主要依赖化石燃料。当前，中国经济增长与能源消耗的增长基本一致，经济增长与能源消耗尚未脱钩，碳排放量随着经济增长而不断增加。

在《指南》中，有 3 种方法可以估算化石燃料燃烧的碳排放量。

---

① 方法学是指用于确定项目的基准线、论证额外性、计算减排量、制订监测计划等的方法指南。

② 程豪.碳排放怎么算：《2006 年 IPCC 国家温室气体清单指南》[J].中国统计,2014(11):28-30.

在方法 1 中，所有燃烧源的排放估算均可以根据燃烧的燃料数量以及平均排放因子两个方面来计算。方法 1 排放因子可用于所有相关的直接温室气体，且气体间排放因子的质量不同。对于二氧化碳，排放因子主要取决于燃料的碳含量，燃烧条件相对不重要。因此，二氧化碳排放可以基于燃料的燃烧总量和燃料中平均碳含量进行估算。然而，甲烷和氧化亚氮排放因子取决于燃烧技术和工作条件，在各个燃烧装置和各段时期之间的差异很大。因此，这些气体平均排放因子必须考虑技术条件的重大差异，其使用会引入很大的不确定性。

在方法 2 中，源自燃烧的碳排放量估算采用与方法一所使用的类似燃料统计，但以特定国家排放因子来替代方法 1 缺省因子。由于可用的特定国家排放因子会因燃料、燃烧技术及各个工厂的不同而不同，所以活动数据可以进一步划分，以正确反映分类源。如果这些特定国家排放因子确实衍自使用的不同批次燃料碳含量的详细数据，那么估算的确定性会增加，还能估算长期趋势。如果一个清单编制者已经详细记录了非二氧化碳气体中碳排放数量或其他未氧化气体的测量数据，那么在使用方法 2 的特定国家排放因子中可以考虑这一情况。

在方法 3 中，碳排放的计算在适当情况下使用详细排放模式或测量，以及单个工厂级数据。燃料气体的持续排放监测仅对二氧化碳排放的准确测量有意义。通常并无必要（原因是成本高），但也有可能实施，尤其在为了测量其他污染物（如 SO_2 或 NO_x）时安装了监测器的情况下。最佳测量方法由官方标准组织制定，并经过现场测试以确定其操作特性。如果一个清单编制者已详细记录了非二氧化碳气体中碳排放数量或其他未氧化气体的测量数据，那么在使用方法 3 的特定国家排放因子中可以考虑这一情况。此外，《指南》中还列出了另外几种具体的碳排放计算方法。

综上，通过《指南》的介绍，碳排放量等于经济活动水平和各类排放因子的乘积是碳排放计算的核心思想。

（二）六盘水市能源活动碳排放的测算方法

已有的研究表明，工业化过程中经济发展和碳排放呈正相关关系。碳排放的精确计算是许可证交易市场运行的基础。根据 IPCC（2006）的碳排放计算方法，碳排放量由能源消耗的标准煤量与碳排放相关系数（表 5.2）加权求

和得到，即

$$C_t = \sum_{i=1}^{n} C_{it} = \frac{44}{12} \sum_{j=1}^{n} E_{ijt} \times \mathrm{NCV}_j \times \mathrm{CEF}_j \times \mathrm{COF}_j$$

C_t 表示能源活动碳排放总量，C_{it} 表示 i 地区第 t 年的碳排放量，E_{ijt} 表示 i 地区第 t 年第 j 种能源的能源消耗量（按标准煤计算），NCV_j、CEF_j、COF_j 分别表示第 j 种能源的平均低位发热量、含碳量、碳氧化率。[①]

表 5.2　碳排放相关系数

能源种类	含碳量(tC/TJ)	碳氧化率(%)	平均低位发热量
原煤	25.8	100	20908kJ/kg
洗精煤	25.8	100	26344kJ/kg
其他洗煤	25.8	100	8363kJ/kg
型煤	26.6	100	20908kJ/kg
焦炭	29.2	100	28435kJ/kg
焦炉煤气	12.1	100	16726kJ/m³
其他煤气	12.1	100	5227kJ/m³
原油	20.0	100	41816kJ/kg
汽油	18.9	100	43070kJ/kg
煤油	19.5	100	43070kJ/kg
柴油	20.2	100	42652kJ/kg
燃料油	21.1	100	41816kJ/kg
液化石油气	17.2	100	50179kJ/kg
炼厂干气	15.7	100	46055kJ/kg
天然气	15.3	100	38931kJ/m³
其他石油制品	20.0	100	41816kJ/kg
其他焦化产品	25.8	100	28435kJ/kg

资料来源：IPCC guidelines for national greenhouse gas inventories：2006，volume2 Energy. 17。

---

① 政府间气候变化专门委员会. 2006 年 IPCC 国家温室气体清单指南[R].[出版地不详]:日本全球环境战略研究所,2006.

表 5.3　2011—2015 年六盘水市规模以上工业企业能源消费情况

能源种类	2011 年	2012 年	2013 年	2014 年	2015 年
原煤(t)	56304982.55	67133429.81	69813316	76136879	77265520
洗精煤(t)	4868796.6	5677253.59	6584140	7125400	7284304
其他洗煤(t)	68306.4	121968.01	309599	757988	933340
焦炭(t)	1912230.93	2250991.72	2187894	1977077	1551771
焦炉煤气(万 m³)	56101.96	60869.53	71545	79630	81284
其他煤气(万 m³)	697328.29	875429	835980	743370	572852
汽油(t)	1463.21	3116.45	4306	3056	6257
煤油(t)	855.07	617.2	1235	931	1084
柴油(t)	33596.07	37862.72	37753	34133	36244
天然气(万 m³)	7523.57	8939.4	16872	17895	21730
其他石油制品(t)	0	7433	27565	34369	28600
其他焦化产品(t)	0	31490	14113	58542	0

数据来源：六盘水市统计局 2012—2016 年的《统计年鉴》。

注：①本书仅计算能源消耗产生的碳排放，不包括电力和热力的排放。

②根据六盘水市《统计年鉴》能源种类的划分，为保证数据统计口径一致，故剔除 2011—2015 年型煤、原油、燃料油、液化石油气、炼厂干气等数据，将高炉煤气、转炉煤气归为其他煤气，石油焦、润滑油、石油沥青归为其他石油制品。

依据六盘水市 2012—2016 年的《统计年鉴》有关数据，主要采用了该市规模以上工业企业能源消费情况的基础数据（表 5.3）。根据 IPCC（2006）碳排放计算方法和相关系数，经过计算得出六盘水市 2011—2015 年的碳排放量（图 5.1）。由图可知，2011—2015 年该市碳排放量在不断增加。这说明经济增长与碳排放尚未脱钩①。另外，该市"西电东送"的主要是火电。在测算火电碳排放方面，为更准确、更方便地开发符合 CDM 规则、符合中国 CDM 重点领域的项目和 CCER（温室气体减排量）项目，国家发展改革委应对气

---

①　碳排放脱钩是经济增长与温室气体排放之间关系不断弱化乃至消失的理想化过程。

候变化司研究并确定了中国区域电网基准线排放因子。由于贵州省属于南方区域电网，根据国家发展改革委公布的 2016 年的电网基准线排放因子为 0.8676t CO$_2$/（MW·h），即 0.8676kg CO$_2$/（kW·h）。2016 年该市火力发电量为 27259961600kW·h。通过计算，其碳排放总量为 23650742t CO$_2$e[①]（t CO$_2$e 为吨二氧化碳当量）。

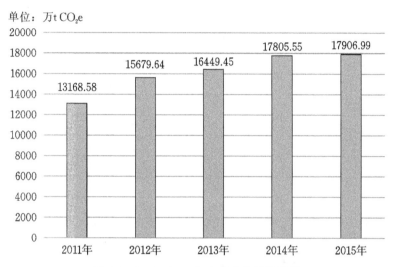

单位：万t CO$_2$e

图 5.1　2011—2015 年六盘水市碳排放量

本书从火力发电的收益与支出方面，简要探讨火力发电的外部性效益。在火力发电的收益方面，根据 2016 年南方区域煤电上网标杆电价，贵州省的为 0.3363 元/（kW·h），因此得出该市火力发电的直接经济收益为 9167525086 元。当然，火电企业还有间接收益。以火电行业的环保电价补贴为例，按照每度电 2.7 分补贴价格计算，2008—2016 年，国家总计为煤电行业补贴了 9195.62 亿元，平均每年的补贴都在 1000 亿元左右。在火力发电的支出方面，火力发电虽然享受环保电价补贴，但仍然会排放二氧化硫、二氧化氮、二氧化碳、烟尘等污染物，造成酸雨、雾霾、气候变暖等生态环境问题，地方政府需要投入大量的人财物治理生态环境问题。碳排放的测算可以为经济社会发展的成本核算提供量化指标参考依据。六盘水市 2016 年的火电总量测算的碳排放量，本书假设全部按照超配额指标计算，因为六盘水市属于西部地区，

---

　　① 根据碳交易基本原则,碳排放量大的企业会有一定的碳排放配额,超出配额的则需要购买减排指标。

依据西部地区重庆碳排放交易中心的碳交易价格（2016 年的均值为 20 元/t），其总价值将在 4.7 亿元左右。[1]

六盘水市作为煤炭资源富集型地区，在煤炭资源大量开发带动地区经济社会发展，为国家经济建设做出贡献的同时，也付出了较大的生态环境代价。一定程度上形成资源依赖，出现碳排放总量较大、规模以上工业单位 GDP 能耗较高的情况，同为集中连片特困地区的湖北恩施州单位 GDP 能耗则低很多（图 5.2）。其主要原因为：六盘水市是以煤炭等能源工业为基础的传统能源依赖型碳排放区，表现出灰碳的特征；恩施州是以传统农业为基础、以生态保护为主体、工业不发达的碳汇区，表现出绿碳的特征。

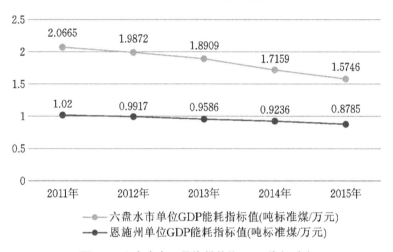

图 5.2　六盘水市、恩施州单位 GDP 能耗对比

虽然 2016 年是煤炭供给侧改革的元年，但是中国"以煤为主，多元发展"的能源方针不会变化。2016 年中国原煤产量 34.1 亿 t，全年能源消费总量 43.6 亿 t 标准煤，煤炭消费量占能源消费总量的 62%。能源消费、经济增长和碳排放之间存在着很强的正相关性，煤炭、石油等传统能源的消耗为二氧化碳等温室气体的最主要来源[2]，经济发展中过高的能源消费势必导致大量

---

[1]　本章节对碳排放的测算,采用了已得到普遍认可的测算方法与标准,利用《统计年鉴》的数据。虽然数据来源、统计口径,可能存在差异,但是这并不影响本书所得数据对于观点的论证以及对于规律的发现。

[2]　根据有关研究资料,煤炭是我国最大的空气污染源,我国每年约 80% 的二氧化碳、85% 的二氧化硫、67% 的氮氧化物、70% 的悬浮物排放来源于燃煤。燃烧煤炭还造成土壤污染和土地损耗,煤炭含有的汞等重金属对土壤污染也不可小觑。

碳排放。但也有研究表明，能源消费增长或者经济增长并不必然导致碳排放的增长。[①] 这就要求调整能源结构，开发清洁能源，进行技术改造，提高能源利用效率，推动经济发展方式转变，走低碳绿色发展之路。

在传统能源消耗的碳排放中，本书认为具有典型意义的火力发电碳排放可以单列。例如，电力部门是中国能源领域的关键部门，同时也是碳排放量最大的部门。2016 年中国火力发电 43958 亿 kW·h，较 2015 年增长 2.6%，由此产生的碳排放量约 2971560000t CO_2e。中国以煤为主的能源结构决定了短期内的电力生产仍然以煤炭型的火力发电为主。

煤炭资源的开发利用是社会生产中的重要碳排放源。因此，在煤炭行业的清洁生产与减排、清洁可再生能源的发展、碳交易市场的建设等方面，从多层次减少碳排放总量，减缓气候变化，进而减小气候变化对生态环境的负外部性影响，保障民族地区的生态安全，是民族地区绿色发展的必然要求。

（三）六盘水市煤层气抽采与碳减排

煤层气（煤矿瓦斯）[②] 属于优质清洁能源。煤层气的开发利用一举多得：提高瓦斯事故防范水平，具有安全效应；有效减排温室气体，产生良好的环保效应；作为高效、洁净的能源，商业化能产生巨大的经济效益。[③] 目前，中国煤层气的开发与利用仍处于初始阶段。虽然"十二五"期间，全国累计利用煤层气 340 亿 m^3，相当于节约标准煤 4080 万 t，减排二氧化碳 5.1 亿 t，但是绝大多数煤层气在煤矿开采中被直接排放到大气中，既污染环境又增加了温室效应。

2016 年，国家能源局发布了《煤层气（煤矿瓦斯）开发利用"十三五"

---

① 徐汉国,杨国安.绿色转身:中国低碳发展[M].北京:中国电力出版社,2010.

② 煤层气的主要成分是 CH_4（甲烷）,与煤炭伴生,热值是通用煤的 2~5 倍。$1m^3$ 纯煤层气的热值相当于 1.13kg 汽油、1.21kg 标准煤,燃烧后产生的污染物极少,只有石油的 1/40、煤炭的 1/800,是上好的工业、化工、发电和居民生活燃料。煤层气空气浓度达到 5%~16%时,遇明火会爆炸,这是煤矿瓦斯爆炸事故的根源。若煤层气被直接排到大气中,其温室效应约为二氧化碳的 21 倍,对臭氧层的破坏是二氧化碳的 7 倍,对生态环境破坏性极强。若采煤之前先开采煤层气,煤矿瓦斯爆炸率将降低 70%到 85%。

③ 林西.煤层气开发利用"十二五"规划即将发布:煤层气探采及利用有望大幅提升[J].资源导刊,2011(12):12-13.

规划》（以下简称《规划》）。《规划》明确指出："十三五"期间，新增煤层气探明地质储量4200亿 m^3，建成两至三个煤层气产业化基地。2020年，煤层气抽采量达到240亿 m^3。其中，地面煤层气产量100亿 m^3，利用率90％以上；煤矿瓦斯抽采量达140亿 m^3，利用率50％以上，煤矿瓦斯发电装机容量280万 kW，民用超过168万户。煤矿瓦斯事故死亡人数比2015年下降15％以上。[1]《规划》中特别提出，新建贵州毕水兴、新疆准噶尔盆地南缘煤层气产业化基地。新建贵州毕水兴煤层气产业化基地是基于贵州丰富的煤层气资源，同时也为贵州省煤层气产业发展提供了强有力的政策支持。

贵州省煤层气开发利用的主要优势如下[2]：

一是量大。总量达3.15万亿 m^3，约占全国的10％，居全国第二位。

二是集中。贵州煤层气资源主要分布在六盘水市、织金—纳雍和黔北煤田的15个构造单元中，总资源量达到2.1万亿 m^3，占贵州省的66％。平均丰度约为每平方千米2.6亿 m^3。

三是品位高。富甲烷（甲烷≥8m^3/t）占到94％。

四是有基础。贵州省煤矿井下抽采瓦斯的技术总体上处于全国先进水平。全省19个国有重点煤矿全部建立了瓦斯抽采系统，部分乡镇的高瓦斯矿井也建立了瓦斯抽采系统。全省有9个煤矿建立了瓦斯利用系统，年利用瓦斯4000万 m^3，投入稳定运行的瓦斯发电机组有29台，装机总量达到1.45万 kW。盘州市邦达能源开发有限公司（以下简称"邦达公司"）投资3亿元建设了贵州省第一家瓦斯发电厂。

六盘水市的煤矿大部分处在煤与瓦斯突出区域，随着开采深度的增加，瓦斯梯度不断增大。六盘水市不仅煤炭资源丰富，煤层气资源也很丰富，储量达1.42万亿 m^3，全省第一，占全省总量的45％。其中，盘州市煤层气资源十分丰富，是我国长江以南煤层气资源最富集的地区，埋深在2000m以内浅部资源储量达8736.57亿 m^3，占全市的62％，占全省总资源量的28.57％，具有量大质优、开采价值高等特点。在全国63个重要煤层气目标区中位列第

① 《国家能源局关于印发煤层气（煤矿瓦斯）开发利用"十三五"规划的通知》（国能煤炭〔2016〕334号），2011年11月24日。

② 石健.贵州重视煤层气资源的开发利用[N].贵州日报，2007-09-06(2).

12 位，是"十三五"时期国家毕水兴煤层气产业化基地的重要组成部分。

2016 年，六盘水市规模以上工业主要产品中，煤层气（全社会）有 12.39 亿 m³。[①] 开发煤层气是该市能源结构调整和产业改革的重要突破口，煤层气产业链的发展前景可观，是该市能源发展的战略型资源。以六盘水市下辖的盘州市为例，该市 2016 年完成瓦斯抽采量 6.55 亿 m³，利用量 2.91 亿 m³，全年发电量 52980 万 kW·h，年产值达 56312 万元，解决劳动力就业 1260 人。煤层气抽采产生的经济效益与社会效益进一步增强。[②] 另外，在碳减排中还实现了碳交易的外部性收益，例如：盘北经济开发区煤层气抽采加工利用一体化示范项目，通过开发 CDM 项目实现收入 116 万元，还推进了七个 CCER 项目的实施。

从广义上看，任何有益于温室气体减排、温室气体回收或吸收的项目，均可作为 CCER 项目。目前比较普遍的 CCER 项目有：水电项目、风电项目或其他可再生能源发电项目等。

煤层气资源开发利用就可以作为 CCER 项目，该项目能够产生良好的碳减排效益。目前，火电直接减排空间逐渐缩小，而在间接减排方式中，煤层气开发利用的间接减排发展潜力大。煤炭在燃烧中排放二氧化硫、氮氧化物和粉尘等造成空气污染，而煤层气基本上不含硫，燃烧后很洁净，废弃的排放物极少。因此，煤层气开发利用可以变废为宝，一方面直接减少煤炭资源开发中煤层气（甲烷）直排大气；另一方面煤层气作为一种清洁能源，其利用后的废物排放量极小。总之，煤层气的开发利用有利于减少大气污染、降低温室效应、改善空气质量，节能减排和环境保护的意义重大。

高质量的能源产品是提高能源利用效率及经济效益的重要前提。煤层气的规模化开发，将在很大程度上弥补六盘水市清洁能源的缺口，优化能源结构。煤层气的开发利用还具有明显的正外部经济效益。作为一项重大的能源基础性产业，它能够带动相关产业发展，吸引投资，增加就业和税收，促进

---

① 六盘水市统计局.六盘水市 2016 年国民经济和社会发展统计公报[R/OL].(2017-04-11)[2017-10-28].http://tjj.gzlps.gov.cn/tjzl/tjgb_42980/201706/t20170602_12832457.html.

② 资料来源:盘州市能源局。笔者于 2017 年 8 月在盘州市能源局调研,资料由该局工作人员提供。

地方经济的发展。开展煤层气地面开发和井下瓦斯抽采可以减少煤矿瓦斯事故，减少矿工人员伤亡和财产损失，变高瓦斯矿井为低瓦斯矿井，可以节约矿井基建费用20%左右。[①] 虽然煤层气抽采能够产生较好的经济效益与社会效益，但是也面临着开发成本高、煤层气网络配套基础设施不够完善、上游生产与下游利用衔接不够紧密等问题。因此，六盘水市煤层气产业的发展要创新观念，要与地方经济发展相结合，将项目建设与"三变"（资源变资产、资金变股金、农民变股东）改革相结合，呼应地方政府的发展规划，支持地方经济发展，使最广大的普通群众享受到技术改革、能源资源开发带来的红利。

下文以盘州市山脚树煤矿瓦斯提纯制 LNG 项目[②]和邦达公司瓦斯治理及抽采利用为例，看六盘水市煤层气开发利用的基本情况。

1. 贵州盘江煤层气开发利用有限责任公司（下文也称煤层气公司）创立于 2008 年 4 月，主要从事煤层气（煤矿瓦斯）开发利用、瓦斯利用技术研发、瓦斯发电装备制造、瓦斯提纯等业务。2016年该公司建成 32 座总装机容量为 10.54 万 kW 的低浓度瓦斯发电站，累计发电 18 亿 kW·h，利用瓦斯 6.15 亿 m^3，节约标准煤 21 万 t，减排二氧化碳 889 万 t。同年，该公司拥有 36 项瓦斯开发利用专利，是贵州省知识产权优势培育企业和六盘水市循环经济试点示范企业。

该公司于 2016 年 1 月中旬开工建设山脚树煤矿瓦斯提纯制 LNG 模块化移动式工厂项目。该项目利用甲烷浓度 30% 及以上的煤矿瓦斯作为原料气，利用压缩后直接深冷液化工艺提纯 LNG 产品，产品甲烷浓度可达到 99%，2016 年平均每天生产 LNG 产品 21.62t（折

---

① 资料来源：盘州市能源局。笔者于 2017 年 8 月在盘州市能源局调研，资料由该局工作人员提供。

② 资料来源：盘州市能源局。笔者于 2017 年 8 月在盘州市能源局调研，资料由该局工作人员提供。LNG 是液化天然气（Liquefied Natural Gas）的缩写，主要成分是甲烷，LNG 是一种清洁、高效的能源。

合标准态天然气 30000m³/d)。项目占地约 15227.5m²，总投资约 5000 万元。该公司在土城矿和山脚树煤矿建了 3 座民用煤层气储气罐，矿区周围居民已全部使用煤层气。

该项目的开展可以实现资源的综合利用，减少温室气体排放，形成较好的生态与社会效益。为积极响应"气化贵州"政策，该项目产品拟供应省内各地州市，主要运用在以下几个方面：

第一，城市燃气。根据六盘水市燃气总公司提供的数据，六盘水市高峰时期民用燃气缺口值约为 10 万 m³/d，该项目的 LNG 产品可作为城市燃气调峰使用。

第二，车用燃气。煤层气公司在与六盘水公交总公司合作的基础上，参与六盘水市汽车"油改气"项目，逐步将六盘水市燃油车辆改装成燃气车辆。

第三，工业用气。煤层气公司积极开展相关工作，与省内工业企业形成战略合作关系，为这些企业提供清洁能源。

第四，分布式能源。煤层气公司将根据《关于发展天然气分布式能源的指导意见》（发改能源〔2011〕2196 号），针对贵州省实际情况，在有条件的城市综合体、机场和医院等大型综合性建筑群体进行天然气分布式能源项目建设。

盘州市山脚树煤矿瓦斯提纯项目是国内首座含氧煤层气液化提纯制 LNG 工业化项目。该项目的实施符合当前我国优化能源结构、提高能源利用效率的政策要求，有效解决了煤炭产能过剩问题，为六盘水市的城市居民、公共交通、工业生产等方面提供了清洁能源，有利于能源结构的调整，带来了良好的经济效益和社会效益。该项目在有效利用与治理煤矿瓦斯的同时，降低了企业生产成本，提升了企业综合经济效益。该项目的实施是对国家清洁能源发展政策的积极响应，其外部效应明显，有利于煤矿企业安全生产，从直接与间接两个方面减少温室气体排放，保护生态环境，优化能源结构，提升企业发展的综合经济效益。

2. 贵州市邦达公司成立于 2006 年，该公司位于六盘水市盘州市红果境内，主要从事煤炭开采、洗选、瓦斯发电等能源开发和经营业务，2016 年有红果、苞谷山、昌兴、东李、老洼地、谢家河沟 6 对生产矿井（年产能达 375 万 t）。其中，红果煤矿 2008 年率先建设瓦斯发电站，在盘州民营煤矿中首开先例，2009 年开始发电，成为盘州民营煤矿企业普及推广瓦斯发电的典范，瓦斯治理及抽采利用一直走在全市前列。2017 年，该公司有发电机组 41 台、总功率 2.56 万 kW，总投资 1.2 亿余元。

邦达公司为探索煤矿瓦斯治理及抽采利用管理模式，制定瓦斯抽采达标考核机制和煤矿瓦斯抽采激励机制，采取"以奖促抽"方式，对施工队每抽采利用 $1m^3$ 瓦斯奖励 0.1 元，2018 年用于奖励的资金达到 324.96 万元。2017 年，该公司有发电机组 41 台、总装机 2.56 万 kW。

2016—2017 年，邦达公司瓦斯治理及抽采利用的效果显著提升，安全生产、经济效益、节能环保等方面处于良性发展状态。2017 年煤矿瓦斯抽采量达 4719.84 万 m^3、利用量 2386.13 万 m^3、发电量 5337.16 万 kW·h，直接产生经济效益合计 4569.51 万元，利用瓦斯量相当于减排二氧化碳约 98.71 万 t；2018 年邦达公司煤矿瓦斯抽采量 5370.05 万 m^3，利用量 3249.63 万 m^3，发电量 6500 万 kW·h，直接产生经济效益合计 5978.52 万元，利用瓦斯量相当于减排二氧化碳约 134.43 万 t，抽采量、利用量、发电量、产生经济效益、相当于减排二氧化碳量同比增加 13.8%、36.2%、21.8%、30.8%、36.2%。其中，邦达公司发电量供给煤矿自用，减少了大笔电费支出，提升煤矿经济效益。

邦达公司采取"以奖促抽"的激励机制和考核办法，既治理了瓦斯、减少了煤矿安全事故的发生，又提升了煤矿生产的经济效益。通过瓦斯抽采达标、提高瓦斯抽采利用效率，有效减少了碳排放及大气污染，还顺势发展了清洁能源，"变废为宝"，增加了环保效益。[1]

---

[1]　资料来源：《六盘水市能源局关于推广煤矿瓦斯治理及抽采利用先进做法及经验的通知》，2019 年 5 月 10 日。

四、六盘水市灰碳贫困的特征与原因分析

(一) 六盘水市灰碳贫困的主要特征

1. 煤炭资源开发与碳排放导致生态环境变化，农业生产受影响

六盘水市一直以来依托煤炭资源优势，发展煤炭采掘、火力发电和钢铁行业，为国家经济建设做出了重要贡献。[①] 但是在煤炭资源开采中通常缺乏先进的技术与管理理念，资源开采利用中的"四矿"问题突出，占用耕地，矿尾、矿渣乱堆乱放，这些直接导致了农村可耕地的减少。再加上监管不力，未经处理的工业废水、废气直接造成农业污染，以及地面沉降、地下水位下降、酸雨等次生灾害，区域生态环境问题突出。六盘水是贵州省石漠化危害严重的地区之一[②]，也是自然灾害多发地区。2016 年，全市石漠化面积达468.56 万亩，占全市总面积的 31.51％。[③] 石漠化地区土层稀薄，储水能力低，岩层漏水性强，从而导致旱涝频发。这些不利因素的叠加直接导致土地资源减少，农业生产面临困境，愿意从事农业生产的农民减少，农地被抛荒。

六盘水市不仅是中国西南地区的煤炭资源型城市，还是传统的农业大市。本书选取该市粮食种植面积、产量、不同品种粮食的生产情况[④]，尝试从生态环境、自然灾害与粮食生产状况之间的关联这个视角来透视灰碳贫困这一特征（碳排放造成气候变化，继而引发自然灾害，影响农业生产，自然灾害的

---

① 近些年,六盘水市大力推动转型发展,更加注重生态环境保护,发展生态文化产业、山地旅游,谋求产业结构转型升级,取得了突破性进展。

② 贵州省轻度以上石漠化面积有 35920km²,占全省面积的 20.39％。多集中分布在该省南部和西部,六盘水、黔西南、黔南、安顺、毕节所占面积最多,呈现出南部重北部轻、西部重东部轻的特点。在贵州 50 个扶贫开发重点县中,石漠化面积占县总面积 20％以上的有30 个县,而且凡是石漠化严重的地方,都是贵州最贫困的地方。

③ 多彩贵州网.生态文明六盘水:环境质量状况和环境信息公开[EB/OL].(2017-02-03)[2018-03-15].http://dcpp.gog.cn/system/2017/02/03/015389594.shtml.

④ 本书从粮食生产的角度考虑是因为排除了其他因素,与经济作物的价格相比,主要粮食的价格相对稳定,在地区农业生产中粮食种植的面积相对稳定。

频发影响农民从事农业生产的积极性）。如表 5.4 所示，2007—2016 年，六盘
水市的粮食种植面积相对稳定（270 万亩左右）。不过 2016 年的种植面积较
10 年前的 2007 年减少了 18 万亩，总产量下降 5.16 万 t；粮食亩产量总体不
高，个别年份波动较大。这一特征与地区自然地理特征、耕作方式和自然灾
害的发生特点相一致。该区域以山地为主，土地石漠化现象普遍，土壤薄，
粮食生产仍以传统耕作方式为主。以旱涝为主的自然灾害对粮食产量产生了
较大的直接影响，例如，中国西南地区在 2010 年和 2011 年连续两年遭受特
大夏季旱灾。[①] 六盘水市也受到了旱灾的严重影响，特别是 2011 年遭受严重
旱灾，夏季降水大幅减少，在粮食种植面积增加的情况下，粮食总产量和亩
产量均大幅降低。再者，从不同品种粮食生产情况看夏旱对粮食生产的影响，
水稻与玉米（主要生长在夏季，需水量大）产量出现大幅度下降，而小麦和
马铃薯（主要生长在冬季和春季，需水量较小）产量影响小。从中也可以印
证水资源的重要性，旱灾对需水量大的粮食品种造成很大影响。从表 5.5 看六
盘水市水稻和玉米的生产情况，2010—2016 年多数年份的产量较上年都是负
增长，总产量呈下降趋势。这与表 5.1 中六盘水市在这些年份的气候与自然灾
害特点相一致，气温总体偏高、降水偏少、年日照数偏少，自然灾害频发，
这些总的归结起来，与气候变暖的特征、表现相一致。气候异常与自然灾害，
对农业生产造成直接负外部性影响。

表 5.4　2007—2016 年六盘水市粮食生产情况

年份	全年粮食种植 面积(万亩)	较上年 增长(%)	总产量 (万 t)	较上年 增长(%)	粮食亩 产量(kg)	较上年 增长(%)
2007 年	285.00	0.6	82.16	2.7	288.3	—
2008 年	256.65	−9.9	84.16	2.4	327.9	13.74
2009 年	268.50	4.6	86.02	2.2	320.4	−2.29
2010 年	270.60	0.8	77.78	−9.6	287.4	−10.30
2011 年	273.70	1.1	56.46	−15.2[②]	206.3	−28.22

---

①　在本章表 5.1 中有六盘水市自然灾害方面的详细资料。

②　−15.2 来自六盘水市人民政府官方统计数据,但笔者计算的为 27.4。

续表5.4

年份	全年粮食种植 面积(万亩)	较上年 增长(%)	总产量 (万 t)	较上年 增长(%)	粮食亩 产量(kg)	较上年 增长(%)
2012 年	270.30	−1.2	75.29	33.4	278.5	35.00
2013 年	275.25	1.8	80.9	7.5	293.9	5.53
2014 年	274.50	−0.3	81.41	0.6	296.6	0.92
2015 年	270.00	−1.6	80.86	−0.7	299.5	0.98
2016 年	267.00	−1.1	77.12	−4.6	288.8	−3.57

资料来源：2008—2017 年《六盘水市统计年鉴》。

表 5.5　2010—2016 年六盘水市粮食分品种生产情况[1]

年份	水稻 (万 t)	较上年 增长(%)	玉米 (万 t)	较上年 增长(%)	小麦 (万 t)	较上年 增长(%)	马铃薯 (万 t)	较上年 增长(%)
2010 年	13.51	−0.4	49.2	−0.9	1.22	77.2	9.02	28.1
2011 年	6.85	−49.3	27.81	−43.5	4.61	277.8	13.67	51.6
2012 年	11.47	67.4	41.45	49.0	4.85	5.2	13.08	−4.3
2013 年	12.03	4.9	45.47	9.7	4.34	−10.5	14.29	9.3
2014 年	12.28	2.1	45.01	−1.0	4.86	12.0	14.39	0.7
2015 年	11.52	−6.2	44.93	−0.2	4.43	−8.8	14.95	3.9
2016 年	10.73	−6.9	41.2	−8.3	4.23	−4.5	15.28	2.2

资料来源：2011—2017 年《六盘水市统计年鉴》。

从已有的研究看生态环境变化与农业生产之间的关联。联合国政府间气候变化专门委员会表示：如果大气中温室气体的含量持续上升，预计全球变暖将在 21 世纪给未来的粮食安全以及人类的健康和财富带来风险。2017 年日本外务省的报告指出：全球变暖将在亚太地区导致自然灾害增多与农作物产

---

[1]　根据六盘水市近 10 年的《国民经济和社会发展统计公报》，从 2010 年开始有主要粮食作物(水稻、玉米、小麦和马铃薯)的产量统计。本书选取 2010—2016 年的粮食种植面积、产量的数据，分析各品种粮食的生产状况。

量减少，成为社会不稳定因素。再者，根据郑易生等关于《中国环境污染的经济损失估算：1993年》的研究：大气污染对农作物产量减产率的影响一般为10%～15%，若以中等污染程度的影响来估计，则粮食减产10%，蔬菜减产15%，水果减产15%，其他农作物减产10%。① 实证方面，2018年六盘水市全年粮食种植面积282.39万亩，比2017年下降23.3%。全年粮食总产量64.82万t，比2017年下降33.5%。粮食总产量的下降幅度大于种植面积的下降幅度，这说明六盘水市单位面积的粮食产量在下降。②

　　根据《中国应对气候变化国家方案》的研究，气候变化已经影响了中国农牧业的发展，主要表现在，自20世纪80年代以来，中国的春季物候期提前了2～4d。未来气候变化对中国农牧业的影响主要有：农牧业生产的布局和结构将出现变化，不稳定性将增加，种植制度和作物品种将发生变化；农业成本和投资需求将大幅增加；潜在的荒漠化趋势将增大，草原面积减少；畜牧业中家畜的发病率可能提高。③

　　民族地区气候条件不佳容易导致农业生产结构单一。在传统农业经济社会背景下，农业是农户收入的主要来源。农业生产结构单一，自然灾害频发直接导致农户收入锐减，也使得贫困农户生计脆弱性增加。生态环境被破坏，自然灾害频发给六盘水市本已脆弱的自然环境上的农业带来直接的负外部性影响，并且贫困人口抵御生态风险的能力较差。根据调研，六盘水市M镇HB煤矿④区域水稻种植的消失，就是因为煤矿开采活动导致地下潜水位下降，本来水资源相对丰富的地区变得干旱缺水，农民不得不放弃水稻种植，而其他旱生农作物的长势不好，产量也不高。

　　关于农作物中水稻的种植情况，笔者在盘州市农村老年人的访谈调研中得知，在计划经济年代，盘州市地区降水与水资源比较丰富，水稻的种植较为常见，村集体种植水稻的积极性比较高。家庭联产承包责任制改革以后，

---

　　①　郑易生，钱薏红，王世汶，等.中国环境污染的经济损失估算：1993年[J].生态经济，1997(6)：6-14.

　　②　六盘水市统计局.2018年六盘水市国民经济和社会发展统计公报[R/OL].(2019-04-04)[2019-04-28].http://tjj.gzlps.gov.cn/gzdt_42918/bmdt_42919/201904/t20190424_13161529.html.

　　③　资料来源：《国务院关于印发中国应对气候变化国家方案的通知》(国发〔2007〕17号)，2007年6月3日.

　　④　根据相关学术规范，本书涉及具体的地名、人名时均以字母代替.

分田地到户，农民单干，水稻的种植逐渐减少。近十几年受地方煤炭资源开采、气候变化的影响，地区降水与地下水资源减少，水稻产量下降，农民不愿意种水稻，水稻的种植基本消失。在盘州市盘南电厂附近 Y 村的入户调研中也反映出相同的情况。①

水资源是水稻生产的重要基础，但矿区生态环境的变化引发自然灾害，降水与地下水减少，直接导致水稻种植困难，产量下降，农民最终放弃水稻的种植。农民从事农业生产的可行能力受到影响，农村出现剩余劳动力，他们便外出打工（在浙江、珠三角等地务工）。在这种情况下，兼业化的农业生产通常变得可有可无，农村劳动力外流影响农业生产效率，进而导致农民的农业收入下降。

煤炭资源开发利用与碳排放导致生态环境变化，农业生产与农产品产量受到影响。这四个主体之间存在着直接或间接的关联，在煤炭资源开发利用的负外部性影响下，这种关联可以被看作"一因多果"。六盘水市农民在农业生产中的可行能力受到较大影响，农民收入缺乏稳定性。

2. 煤炭资源开发与碳排放导致农民发展的权利与能力受限，可持续生计难

在煤炭资源富集的矿区农村，虽然煤炭资源的开采为农民提供了非农就业机会，增加了非农收入，但是广大矿区农村，受我国二元经济结构的影响，农业经济发展受制度与政策的制约。在为城市工业发展提供资源支持的同时，农民也因为煤炭资源的开发失去很多生产性资源（土地与居住地分离，生产生活空间被压缩），更多受到煤炭资源开发带来的一系列负外部性影响，如生态破坏、环境污染、农村耕地破坏、地面沉降（目前我国煤炭采空区塌陷面积超过 100 万 hm^2）、水资源枯竭、次生灾害、农村劳动力外流等。这些不利因素进一步导致资源型地区经济发展滞后，居民生活质量下降，农村发展困难。

贫困不仅仅是指物质的缺乏，还包括可行能力低下，拥有的生产资料容易缺失。六盘水地区丰富的煤炭资源引致的大规模煤炭资源开发利用，对农民生产生活的外部性影响表现在：为矿区以及周边居民提供了从事非农就业的机会，但是煤炭采掘与运输的工作强度大、时间长、环境差，极易导致职

---

① 根据调研，农户在日常的生产生活中一般是自然经济，农业生产自给自足，对于家庭的投入与产出，很少计算，有些项目也难以计算。因此，家庭投入与产出的数字化程度比较低，对于粮食的总产量、单产量的统计也比较困难，只能从经验上反映粮食的单产量与总产量。

业病，因健康问题而增加劳动成本，一旦生病，因病致贫返贫的可能性极大。

六盘水市煤炭资源开发利用中，因土地征用等原因导致部分农户生产资料缺失，农业生产空间被压缩，居住位置与环境发生变化，农户因而丧失从事农业生产的机会。根据调研，六盘水市矿区农民的非农收入与农业收入之间存在着替代关系，但是普通农户家庭资金缺乏，受教育程度低，可行能力不足，煤炭资源开发的参与度低，获得的利益很少。因此，农户的非农收入对于家庭总收入的增加有一定促进作用，但作用不显著。另外，煤炭资源的开发，导致多数农户收入差距扩大，农村贫富差距扩大，依靠煤炭资源开发致富的只是农村中的少数"精英"，如人脉广、资金实力强的人。为矿区普通农民提供非农就业机会，使其获得非农工资性收入是煤炭资源开发中提高普通农户收入、减小收入差距、缩小贫富差距的重要途径。这与农民的思想意识、人际关系、资本积累、年龄，以及接受教育程度和专业技能培训程度等因素综合形成的可行能力密切相关。下面以案例的形式展示这一节所要研究的基本问题。

响水镇位于六盘水市盘州市南部，东与盘县大山镇、民主镇毗邻，西与云南富源县富村镇、黄泥河镇接壤，南与盘县保田镇、兴义市威舍镇交界，北靠石桥镇，是两省三县（市）接合部，辖13个村（居）委会，94个村民小组，现有8962户，27301人，居住着汉、回、彝、布依、苗、水、白、哈尼等8个民族。2015年，全镇总面积中，林地占30.8%，耕地占54.6%，其他占14.6%，耕地总面积30072亩，人均耕地1.1亩，平均海拔1550m，最高海拔观音山2046m，最低海拔巴马河河床1295m。全镇地貌山高谷深，重峦叠嶂，群峰挺拔，境内多悬岩；为喀斯特地形，坡耕地和荒山居多，落差大，导致耕作困难，投入大，产出小，自然村寨分布不集中，贫困村处于高坡、半高坡地带；属中亚热带湿润季风气候，年平均气温16℃，年平均日照1571.8h，年降水量1400mm，水资源总量为159.63亿 m^3。

响水镇交通便捷，旅游资源丰富，煤炭资源丰富，保有储量15.5亿t，可采储量6.2亿t。有设计装机360万kW的盘南电厂，设计年产1000万t的盘南煤矿等大型国有工矿企业，形成了大煤促大电，大电带大煤的"经济圈"。2014年被国家七部委确定为全国

3675 个全国重点镇之一。

访谈时间：2017 年 8 月 10 日

地点：盘州市响水镇 Y 村

对象：被调研户 A 女主人

家庭人口：4 人（夫妻及两个儿子）

搬迁的原因：修建用于运煤的小雨谷火车站

搬迁点：由小寨村搬到 Y 村

搬迁时间：2002 年

当年的搬迁补偿政策标准是土地补偿款 8000 元每亩（现在的补偿标准是 28600 元每亩），房屋采取的是宅基地置换的形式，换得 Y 村靠近道路的 80m² 宅基地，按照规划的样式、高度（一般为 5 层），搬迁户自筹资金建造，调研户 A 建房花费了 20 多万元，她表示当初的补偿标准低，不划算，现在土地增值了，又没有得到什么好处。

以下为访谈的具体内容：

问：搬迁之前你家的主要经济来源是什么？

答：种苞谷，丈夫在本地开车。

问：你家现在及以前的经济状况如何？

答：现在的经济状况一般（主要收入来源是丈夫、两个儿子的务工收入）。以前比较贫困，收入少，自己建房屋欠债（借债十几万），两个儿子读书欠债，还债压力大。

问：现在你丈夫的具体工作，两个儿子的文化程度、具体工作是什么？

答：我丈夫在电厂做电煤的转运工。两个儿子，老大 20 岁，老二 18 岁，都是读的技校，就在本地的煤矿上工作。虽然 3 人都在本地务工，有一定的收入，但是工作辛苦，劳动强度大，且容易得职业病，还是很担心。

问：搬迁之前与搬迁之后你家的家庭生活支出状况是怎样的？

答：搬迁之前住在小寨村，日常生活开支比较少，粮食自己种，蔬菜、水果自己种，可以自己养家禽、鸡、猪等，饮水是山泉水（基本可以自给自足）。主要支出是两个儿子的学费、生活费。

搬迁之后住在集镇上，交通方便了，看病方便了，购物方便了，花钱更方便了。日常生活开支增加了，做饭要买煤和气，要交水电费（水费为每吨 2 元），吃菜难，吃水难，还经常停水，水质也不好。粮食、水果、蔬菜都要买，买的人多，还经常涨价（每月生活支出的具体数额，农户一般没有统计，很难问到具体数额，只能从生活支出的构成调研）。

问：搬迁之后你家的生活空间、生活方式有什么变化？

答：搬迁之后，自己的土地没有了，不能种地了，吃喝全都要买，房屋没有以前的大，收入全靠务工，住在马路边，自己家的生活生产空间变小了，没有地方养猪、养鸡，就算能养也容易造成污染。

问：你们村搬迁之后外出打工的多吗？

答：去外地打工的多，因为本地打工一个月 1000 多元，赚得少，基本没有结余。外出务工一般去了浙江、上海、广东，没有技能，大多从事体力劳动，工作辛苦，每月有三四千元的收入，有一定结余。虽然辛苦，大多数人仍然外出打工。

问：附近煤炭资源的开发利用、火力发电对村里的生态环境、人的健康有影响吗？

答：这肯定有啊。你看对面（一河之隔，距离很近）的那些大烟囱、水塔，排放出来的白色烟，有时还有一些煤炭的味道。现在我们村里主要是烟尘污染，马路上都是黑色的，家里窗台上很容易积灰，用手一划就有灰，村旁边小河的水也没有以前清澈了，不能饮用。现在治污，状况还算好一些了，三四年前治污不好时，烟尘污染、水污染是很严重的，像我们这个年龄的中年人，得肺癌的很多，很早以前既没有这种病也没有听说这些病。烟尘污染对我们的健康肯定有影响。

结束了 Y 村的访谈，我开始了响水镇及周边区域的观察。与响水镇一河之隔的盘南电厂，高大的烟囱冒着白烟，给人一种压抑的感觉，空气中时不时有淡淡的煤炭烟尘的气味，镇上的道路是黑色的，主要是煤灰，离集镇的距离越远，马路上的黑色就越少。这里以山地为主，山河相间，山不高，山上的植被比较稀疏，树不大，有些山体被挖开，路边的山上大多种植了果树、玉米等，山下的河流，部分河段水是清澈的，部分是混浊的，可见盘南电厂周边的生态环境问题是小范围的，呈现出点状分布，主要是粉尘、烟尘污染，河流局部污染，山体存在水土流失、滑坡等潜在风险。

响水镇因煤炭资源开发，火力发电的搬迁，对农民既有直接外部性影响又有间接外部性影响，也对原来就居住在集镇上的居民的生活造成了一定的外部性影响。其负外部性影响方面，搬迁导致大多数农民生产与生活空间的分离（直接外部性影响），搬迁后农民生产资料有限，专业技能缺乏，生产资金缺乏，自我发展能力不足，而出现新生活中增收乏力与支出膨胀的生计问题（间接外部性影响）。

这是笔者调研中的一个案例，可能具有其特殊性，但不影响对煤炭资源开发利用中农民搬迁、生态环境等普遍性问题的解释。著名学者贺雪峰指出：一般来讲，搬迁到新住处，很难在新的住处获得耕地，没有耕地，搬迁农户中缺少进城务工经商能力的中老年人就缺少获取农业收入的机会，这样中老年人不仅收入机会减少，而且会因为没有就业而出现无所事事的问题。家庭收入少，又无所事事，即使搬迁住房建设得再好，这样的搬迁扶贫也容易出问题。①

3. 火力发电与碳排放，输出清洁电能，留下温室气体：盘南电厂的案例

中国是世界第一大电力生产与消费国。以煤为主的资源禀赋决定了中国电力结构以煤发电为主，火力发电占中国总发电量的 70% 以上，火力发电不可避免地产生大量的碳排放。火力发电为经济社会快速发展提供能源支撑的同时，也给人类健康和生态环境带来一定的危害，其中的大部分危害并不是由相关的电力生产者及消费者承担，由此产生负外部性问题。

贵州省是"西电东送"②的主要省份之一，火电在贵州省能源结构中占有重要地位。根据《中国能源统计年鉴 2016》的数据，近些年来贵州省的总发电量呈不断增长的趋势，而火力发电量呈下降的趋势，2015 年贵州省总的发电量为 1815 亿 kW·h，火力发电量为 983.94 亿 kW·h，占总发电量的 54.21%，虽然火力发电量下降，但是其主要地位没变。

---

① 贺雪峰.当前农村扶贫工作中的几对辩证关系[J].中国老区建设,2017(9):8-11.（有改动）

② "西电东送"目的是针对我国能源资源分布不均,利用能源资源的地理分布差异,解决东部沿海地区能源供需问题。

六盘水市是国家"西电东送"的重要城市之一。根据六盘水市能源局的统计，该市 2017 年 1—8 月全市累计发电量 264.13 亿 kW·h，火电累计发电量就有 221.10 亿 kW·h，占比达 83.7%，火电占有绝对的主导地位。全市用电量 90.47 亿 kW·h，发电量远大于用电量，大部分火电被输出。

六盘水市下辖的盘州市是贵州省乃至全国的重点产煤市和"黔电送粤"的重要电源点，被誉为"煤电之都"①。地处盘州市的贵州粤黔电力有限责任公司是在国家实施"西部大开发"和"黔电送粤"战略背景下，由广东粤电集团公司控股在贵州注册成立的发电公司。该公司位于盘州市响水镇，全资拥有盘南 4×600MW 亚临界燃煤发电机组，是国家"十一五"规划"西电东送"的第二批重点电源建设项目。2003 年 7 月 11 日，贵州粤黔电力有限责任公司成立。2007 年 11 月，盘南电厂 4×600MW 机组建设项目全部建成投产。2016 年 6 月 4×600MW 机组超低排放改造项目获得集团公司批准正式启动。② 在新时代新发展理念下，节约资源、保护环境、低碳生产是企业的核心价值观，也是企业的社会责任。

根据调研，贵州粤黔电力有限责任公司盘南电厂年耗煤量为 600 万 t，所使用的电煤为盘州市贫煤，当前每度电的煤耗量为 320g，仍高于国家每度电 310g 的耗煤标准，所发的电并入南方电网。经计算，盘南电厂 2016 年的发电量为 187.5 亿 kW·h。经过换算，在产生这些火电的同时，仅二氧化碳排放量就达 1739 万 t CO_2e。

近些年来，六盘水市每年的火力发电均在 300 亿 kW·h 以上，高峰时接近 400 亿 kW·h，年均消耗标准煤 1000 万 t 左右。在这个过程中很显然"西电东送"送出去大量的清洁电能，而在火力发电中产生的"三废"，特别是二氧化碳等却留在当地（2016 年盘南电厂的碳排放量达 1739 万 t CO_2e），造成区域生态恶化、气候变化与环境污染。

在"西电东送"这一过程中，火力发电引起的污染从东部转移到了西部，

---

① 盘州市煤炭资源丰富，是长江以南的主产煤区，煤炭远景储量达 380 亿 t，探明储量达 127 亿 t，约占贵州省煤炭储量的 15%，占六盘水市煤炭储量的 60%，盘州市素有"江南煤都主煤仓"之称。经过半个多世纪的发展，盘州市成为全国重点产煤市和重要电源点，是长江以南最大的产煤地。

② 资料来源：贵州粤黔电力有限责任公司。笔者于 2017 年 8 月在贵州粤黔电力有限责任公司调研，资料由该公司工作人员提供。

污染总量并没有减少。贵州在"西电东送"过程中获得的利益并不多①，在当地生态环境面临破坏的情况下，将清洁、廉价的火电输送到"珠三角"。贵州电力企业和政府的财政收入总和，仅为广东省所购电利润的一半，利益分配严重失衡使得贵州省的环保投入严重受限。② 这就是一个能源生产中"火电输送发达地区产生正外部效益，生态环境负外部性影响却留在欠发达地区"的矛盾性问题。发达地区享受清洁能源，而煤炭资源富集的火电输出欠发达地区则要单独承担环境成本、社会成本，本身就是不公平的体现。长期以来，中国对于化石能源的外部成本评估主要集中在交易成本上，对其生态成本基本没有考量，因此化石能源发电的成本必然低于可再生能源发电成本，不利于化石能源与非化石能源的竞争。这需要从组织、交易及生态成本三个方面综合评价化石能源，将生态环境成本反映到电价中。③

从经济学角度看，污染成本外化与转移的工业经济模式，是造成环境污染的深层原因。要彻底解决能源环境危机，就必须实现从外生的工业经济模式向成本内化的生态经济模式、绿色发展模式转变。④ 日本学者速水佑次郎和神门善久指出，从外部性理论上看，环境问题的核心是利用环境的私人成本和社会成本的背离，造成环境资源的开发超过社会最优水平。因此，将利用环境（诸如把有害气体排放到空气）的私人成本提高到社会成本的水平上，环境问题就能得到解决。⑤

六盘水市作为"西电东送"的主要火电输出地，输出清洁电能（南方电网，主要供给珠三角地区），污染却留在了当地，对当地居民生产生活带来负外部性影响，社会发展成本增加。因此，建立一种将发达地区耗电大户私人成本提升到社会成本水平的制度，或许是解决这一负外部性问题的途径之一。在国际上，英国就有相关问题的应对措施，在英国碳市场和温室气体减排的政策措施中，电力供应商必须购买一定比例的可再生能源销售给客户，这种

---

① 贵州省是我国西南地区主要的产煤省，也是南方电网实施"西电东送"的重要省份。

② 洪秀萍,吕帅,梁汉东.贵州省"西电东送"存在的问题及对策[J].煤炭技术,2015(10):307-309.

③ 金朗,曹飞韶.我国可再生能源发展现状与趋势[J].生态经济,2017(10):10-13.

④ 所谓成本内化的新经济模式，就是将生态环境资源纳入经济系统中，把生态环境与自然资本看成经济增长的内生资源和重要因素，从而实现环境收益与经济收益的同步增长。

⑤ 速水佑次郎,神门善久.发展经济学:从贫困到富裕:3版[M].李周,译.北京:社会科学文献出版社,2016.

措施适用于所有持证供电商，那些新的电力供应商和份额较低的小型公司都必须满足要求。这一措施的实质就是通过提高电力消费者的私人成本，促进节能减排。

在此思路的指引下，鉴于清洁的空气具有公共物品的性质，所以公共物品的使用要求要能体现权利、责任与利益的统一。发电行业碳排放量很大，数据基础比较好，产品相对比较单一，比较容易进行核查核实，配额分配也比较简便易行。[①] 以全国统一碳市场的建立为契机，以发电行业为突破口，我们提出一种设想：首先，以输出的电量为切入点，计算火电的耗煤量，以算出煤炭燃烧产生的二氧化碳量（盘南电厂一年的碳排放量达到 1739 万 t CO_2e）。其次，通过碳交易市场平台进行碳交易，由使用火电的发达地区或者单位（被纳入减排项目的企业或单位、碳减排超出配额的企业或单位）支付这笔费用。再次，将获得的费用用于电厂周边与矿区的环境治理、生态修复、基础设施建设，通过市场化的机制，实现"西电东送"碳排放成本负外部性的内部化。碳交易的实现不仅能促进本地煤炭能源企业节能减排，还能获得碳减排的收益。例如，截至 2015 年，贵州盘江煤层气公司已累计减排二氧化碳 442 万 t CO_2e，其中 CDM 项目已签发 262 万 t，收入 127 万欧元，CCER项目已备案 180 万 t，销售 80 万 t，收入 800 万元。

综上，六盘水市"西电东送"生态补偿市场化的基本思路是：以碳排放交易为基础，建立生态补偿市场机制，促成资源受惠地对资源输出地因资源（火电）输出造成的环境破坏进行市场化补偿。一方面可以减少资源受惠地对输出地资源的浪费；另一方面也可以帮助输出地获得生产技术改造及生态保护的资金与技术，加大生态环境的保护力度。实践表明，通过确立绿色发展的思路，进行相应的政策制度设计，在发展中进行保护，可以调和生态环境保护与经济发展之间的矛盾。

通过碳交易为火电厂的技术改造提供资金支持，相较于传统的对污染者增加的污染进行征税，更有利于达到社会最优的资源配置，纠正由外部性产生的市场失灵，降低社会发展的总成本，减轻六盘水市灰碳贫困中减贫的社会负担。

---

① 2017 年 12 月 19 日，国家发展改革委宣布：以发电行业为突破口的全国碳交易市场正式启动，这意味着我国碳排放交易体系顶层设计顺利完成。详细资料可以参见中国清洁发展机制网《为何碳交易市场启动瞄准发电行业》一文，2017 年 12 月 22 日。

（二）六盘水市灰碳贫困的主要原因分析

1. 原因一：资源密集型地区的发展状况通常受到资源行业发展总体状况的外部性影响

在国家政策的积极推动下，虽然新能源、可再生能源的发展潜力大，但是短期内煤炭在中国能源中的地位与作用不会改变。煤炭资源占中国已探明化石能源资源储量的94％左右。2001—2010 年是煤炭行业发展的"黄金十年"，中国煤炭产量快速增长，从 2001 年的 11.6 亿 t 增加到 2010 年的32.4 亿 t，年均增长17.9％，2012 年产煤 36.6 亿 t，约占世界总量的 46％。煤炭行业快速发展的后果是产能过剩，2014 年中国煤炭产量 38.7 亿 t，首次出现下降，比 2013 年减少 1 亿 t。产能过剩造成的外部性影响是政府进行了强有力的宏观调控，市场方面表现为煤炭价格下跌，煤企效益下降，出现亏损。2016 年煤炭行业的市场环境更加严峻，煤炭市场低迷，价格低位运行且波动大。行业发展的不利环境直接影响了六盘水市的地区发展。

煤炭行业的繁荣发展给矿区经济社会发展带来了错综复杂的外部性影响。学者程志强用面板数据模型研究了煤炭资源繁荣对煤炭资源开发地区经济的影响，具有一定的说服力。其研究的结论显示：煤炭行业繁荣促进了煤炭资源开发地区的经济增长，但是这种增长模式的可持续性受到质疑；煤炭资源开发地区采掘业就业比重并没有提高，但是对制造业的就业比重却产生了挤出效应，且促进了地区工资水平的提高；煤炭繁荣并没有改善地区投资环境，反而在官员寻租、生态环境恶化等方面起到消极作用。[①] 以上可以在一定程度上解释煤炭资源富集地区碳贫困的原因。

2. 原因二：煤炭资源开发利用对地区经济社会发展的外部性影响

从外部性角度看煤炭资源的开发利用，一方面，它能够带动地区经济发展，促进基础设施的建设与公共服务能力的提升；另一方面，它对地区经济社会发展、生态环境产生一定的负外部性影响。自然资源开发的挤出效应会影响地区投资环境，影响其他产业市场要素对地区的投资，从而对经济增长间接产生负

[①] 程志强.破解"富饶的贫困"悖论：煤炭资源开发与欠发达地区发展研究[M].北京：商务印书馆,2009.

外部性影响。由此，丰富的自然资源可能是经济发展的诅咒而不是祝福。相关研究表明：由于资源开发过程中的制度问题，区域资源开发在促进区域 GDP 增长，为国民经济建设做出重大贡献的同时，农民利益却得不到应有的保障，表现为农民收入增长缓慢、生存环境恶化、生活质量下降、长远利益得不到保障。① 农业生产依然是六盘水市农民的主要生计来源，由于煤炭资源开发利用而占用耕地，农民搬迁导致生活空间与生产空间分离，农民的可耕地资源禀赋下降，一部分农民为了耕作而被迫开垦山区生态脆弱的土地，造成环境恶化、水土流失等问题。此种情况下，容易使农民贫困或者返贫的概率上升。

此外，六盘水市煤炭资源开发利用直接导致大气污染、土地沉陷、煤矸石占用土地等，这些负外部性影响使得矿区农民发展权受限，导致农民贫困。根本原因是矿区的生产可能性边界②不够，支撑地区经济社会发展的积极要素单一，农民的可行能力不足，就业渠道窄，创收方式单一。改变这一状况的关键是以绿色产业为依托，改善发展环境，提升农民的自我发展能力，提升区域生产能力，增强绿色减贫的内生动力。

3. 原因三：煤炭资源开发利用对地区生态环境的负外部性影响

六盘水市处在西南岩溶山地石漠化生态脆弱区，受自然与人类活动的双重影响，水土流失、山体滑坡、泥石流灾害频发。脆弱生态环境中的煤炭资源开发利用权责利不对等，开采粗放，技术水平低，污染严重，引发自然灾害与生态问题，是造成灰碳贫困的重要原因之一。脱贫难，返贫易，脱贫致富任重而道远。例如，国家级贫困县大多处于中西部民族地区经济和社会发展的边缘。其中，滇桂黔石漠化区的贫困县就有 80 个，贫困村数量最多时达到 3020 个。③ 环境问题还会影响生产者以外的当地居民的健康，疾病导致人们工作收入降低和医疗费用增加，生活成本增加，矿区社会总成本也因此增加。④

---

① 张金麟.区域资源开发中当地居民利益的保障问题[J].经济问题探索,2007(7):47-51.

② 生产可能性边界(Production-Possibility Frontier,简称 PPF)用来表示经济社会在既定资源和技术条件下所能生产的各种商品最大数量的组合,反映了资源稀缺性与选择性的经济学特征。

③ 国家民族事务委员会研究室."十一五"时期中国民族自治地方发展评估报告[M].北京:民族出版社,2012.

④ 社会总成本是生产者支付的内在生产成本(如劳动力和材料成本)与主要由非生产者承担的环境污染造成的健康风险成本之和。

煤炭资源开发的制度叠加和煤炭行业产能过剩的外部环境，使得普通群众难以参与开发，获得的利益较少，煤炭资源开发引致的搬迁，无形中限制了普通群众自我发展的权利与能力。通常情况下，无论是农村还是城市，遭受生态环境恶化危害的首先是贫困人口。如果贫困人口的生产生活环境以及健康受到影响，发展权受限，收入增长困难，那么，全面建成小康社会的进程与质量将会打折扣。①

　　下面的调研案例将从煤炭资源开采对矿区普通群众生产生活环境的外部性影响来透视灰碳贫困的原因。

　　　调研时间：2016 年 8 月

　　　调研地点：六盘水市水城县 M 镇

　　　调研对象：煤矿企业负责人、煤矿周边贫困户

　　　矿区村庄微观察：村庄没有规划，房屋样式、大小不一，房屋沿着公路依地势而修建，私搭乱建的情况比较多，沿着公路有空地的地方就被种上了玉米、青豆等农作物，长势并不好。村庄的生活垃圾没有集中处理，被随意堆积在陡坡下。

　　　M 镇煤炭资源丰富，根据我们在该镇小型煤矿及周边农村的调研，受市场环境的影响，该镇的 HB 煤矿于 2015 年 8 月停产。该矿始建于 2008 年，前些年因采煤塌陷、耕地占用等情况，对矿区 400多户农民陆续进行了搬迁安置，企业向地方政府支付搬迁费（5000万元），政府按照相关文件，对农民的房屋进行评估，支付补偿费。然而在调研中，调研户反映，对于如何搬迁，他们并没有参与决策，补偿的具体标准他们并不是十分了解。对于补偿后的安置问题，由政府指定一个区域（一般靠近道路），给农民划拨宅基地，农民自己建房。新建房屋的费用高于农民获得的补偿款，因搬迁自建房屋的农民大多会找亲戚朋友借钱建房而欠下债务，并且因为建房时没有规划、没有监管，农民自建的房屋大小不一，形态和质量各异，多出现房屋再次开裂的状况。村民与煤矿之间的矛盾时有发生。

　　　在随机入户调研中，我们看到搬迁农户生产生活状态并不好，

---

① 程志强.资源繁荣与发展困境:以鄂尔多斯为例[M].北京:商务印书馆,2010.

表现在区域空气质量差，水质下降，垃圾等固体废弃物没有被集中处理，总体生活环境不佳。

以其中一户为例，该户的房子建在路边的坡地上，有一部分在坡下，房子里面没有装修，比较简陋，厨房光线比较暗，里面一个大土灶，泥土地，没有什么像样的厨具与家具。门口就是一个小自来水管，是生活用水的主要来源。房屋为自建，搬迁后因建房而欠下2万元债务，搬迁后生活成本增加，总体状况不如以前。家庭贫困，生活艰难，表现在3个儿子均辍学（大儿子19岁高三时辍学，二儿子17岁初三时辍学，三儿子15岁初一时辍学）。男主人（李师傅）因病（腰椎与腿的问题，还有肺病）难以获得收入，只能打零工，女主人在家务农，午餐吃的是苞谷饭，只有一个豆米菜，蘸辣椒水吃。

搬迁后传统生计方式被逐步改变，表现在离耕地的距离变远，生产不方便，不得不放弃原来的耕地（一般比较适合农作物的生长），新建房屋的面积与空间不够大而无法养殖牲畜（就算能养殖，环境卫生问题不好解决），用水不方便，去年自己出200元用于饮水，主要生活燃料是煤，但是价格比外面卖的价格还要高，生活成本增加。

因为当地煤矿停产（在煤矿正常运转时可以解决周边四五百人就业问题，从事后勤的人员月工资有一两千元，矿工有五六千元），在本地无法务工，去年看病花去2万元，身体不好，只能在当地打零工，干农活，收入不稳定，收入低。男主人表示生活压力大，债务要还，家庭贫困，希望煤矿能够正常生产，在当地打工或者做生意，实在不行就得去外地打工。

从这里可以看出，煤矿生产的负外部性影响如下：一方面，农民被迫搬迁，这一过程中，农民是被动的，搬迁后农民的生产生活空间被压缩，从事农业生产的权利被限制或者无形中遭到剥夺。虽然从事农业生产农民的收入并不多，但是可以实现自给自足，保证食物有重要来源。另一方面，农民的生活成本增加，生活支出增加。受煤炭行业环境的影响，若煤矿不能正常生产，普通农民就很难在当地获得非农就业的收入，农民增收就更加困难。

综合来看，搬迁导致农民农业生产发展权的剥夺，生活成本增加，是农民致贫或者返贫的重要原因。煤矿停产导致农民难以在当地获得非农就业收入，农民增收难，脱贫就更难。从案例看，由于煤炭资源开采而进行的搬迁导致李师傅家生产生活空间与生产资料被分离，李师傅因而缺乏生产资料，又因为煤矿停产，个人疾病和文化水平不高，可行能力受到限制，从而出现家庭贫困、儿子辍学、脱贫难的状况。

五、六盘水市灰碳贫困中的绿色发展困境与应对策略

（一）六盘水市灰碳贫困中的绿色发展困境

提高贫困地区能源利用水平，是全面建成小康社会的本质要求。合理开发利用贫困地区的资源，是带动贫困地区经济发展和促进民生改善的重要途径。然而，处在集中连片特困区的六盘水市在煤炭资源开发利用中走过弯路，遇到过挫折，出现过灰碳贫困中的绿色发展困境。

1. 困境一：地区发展中的煤炭资源优势没能转化为经济优势

能源是现代社会生产生活中不可或缺的基础条件，没有充足可靠的能源，就不可能真正建成小康社会。国家的能源行业发展规划、发展政策，煤炭行业发展的大环境深刻影响着六盘水市这座煤炭资源型城市的发展。长期以来，作为西南地区"三线"建设的重要能源基地，六盘水市为国家经济建设贡献了大量的煤炭资源，作为"西电东送"的重要火电基地，为"珠三角"发达地区输送了大量的清洁电力资源。六盘水市资源输出的贡献大，但是获益小（本章第四节盘南电厂的案例就是实证），资源优势没有真正变为经济优势，普通群众可持续生计难。

六盘水市"因煤而兴"，是典型的煤炭资源型城市，在煤炭资源大量开发利用而推动地区经济社会快速发展的同时，还为能源缺乏的发达地区提供了清洁的电能，但是带来的生态破坏和环境污染，给地方经济社会发展增加了

很大的社会成本，环境治理的资金与能力不足，灰碳贫困中地区发展的权利受到限制。

2. 困境二：矿区农民的生产生活受煤炭资源开发的外部性影响较大

根据笔者在六盘水矿区农村调研的情况，在矿区煤炭资源开发利用中，农民被迫搬迁，他们的生产生活方式发生变化，生活空间与生产资料相分离，其收入支出结构也发生重要变化。从微观角度看收入支出结构变化，收入方面：粮食种植面积减少，收成减少，出售农产品、土特产的收入减少；家庭居住和养殖空间缩小，牲畜养殖减少，农副产品经营收入减少；从事煤炭资源开发利用相关行业的收入增加；部分居民家庭外出务工收入增加，政府、矿产开发补贴增加，房产增值等。支出方面：生活成本增加（购买粮食、蔬菜、燃料和水果的支出增加），健康成本增加（职业病、慢性病的发生，看病支出增加），出行的交通成本增加（外出次数增加）。在这个过程中，少数人（乡村能人与精英）因此发家致富，而多数普通农民依赖传统生计模式，自我发展能力不足，可持续生计难，家庭脱贫难。

3. 困境三：能源利用效率低，碳排放量大，产业结构单一

在贵州省各市（州）能源利用效率中，六盘水市 2015 年的单位地区生产总值能耗为 1.57t 标准煤/万元，虽然较 2014 年下降了 9.96%，在贵州省 9 个地市（州）中降幅居第二位，但单位地区生产总值能耗依然是最高的。[①] 这意味着该市的能源利用效率低，经济增长仍依靠能源消耗来驱动，地区发展依赖能源产业。2016 年六盘水市规模以上工业中，四大传统行业（煤炭开采和洗选业，电力、热力生产和供应业，黑色金属冶炼及压延加工业，非金属矿物制品业）实现增加值 422.89 亿元，占规模以上工业增加值的 81.8%。由此可见，资源依赖型工业具有举足轻重的地位，传统碳排放量大的行业产值在国民经济的总产值中占有绝对比重，占主导地位的四大传统行业发展也必然会带来大量碳排放。这种产业格局短期内难以改变，能源结构调整、碳减排压力依然很大，生态环境保护的任务重。

---

① 贵州省统计局,国家统计局贵州调查总队.贵州省统计年鉴:2016[M].北京:中国统计出版社,2016.

煤炭行业的兴衰与能源及相关行业的发展休戚相关。2016 年能源行业产能过剩，煤炭价格低位运行。在贯彻落实中央和贵州省"三去一降一补"① 和供给侧结构性改革政策中，六盘水市 2016 年固定资产投资中全年房地产开发投资 68.37 亿元，同比下降 11.0%；煤炭行业投资 100.84 亿元，同比下降 11.46%；能源消费中综合能源消费量（万吨标准煤）下降 5.4%，发电量（全社会口径）342.84 亿 kW·h，下降 3.4%，火力发电下降 5.7%，全社会用电量 142.23 亿 kW·h，同比增长 2.1%；工业用电量 115.38 亿 kW·h，同比增长 1%。国家能源产业政策、经济发展的总体环境对地区经济发展的影响大。

4. 困境四：煤炭资源开发导致环境污染而出现社会发展成本高

六盘水市丰富的煤炭资源造就了很多以煤为主要原料的工业企业，但是生产技术相对落后，煤炭资源没有得到充分利用，大多处于初加工阶段，加上"西电东送"战略中，利用本地煤炭资源优势，新建多个大型火力发电厂，投产多个大中型炼焦厂，在加快本地经济发展的同时也带来了很大的生态环境问题。② 20 世纪八九十年代，六盘水市森林覆盖率最低跌至 7.55%，水土流失面积占总面积的 80% 以上；境内小煤窑遍地开花，煤矿、洗煤厂未经任何处理的污水流入长江上游的三岔河；空气污染严重，成为酸雨的重灾区；地方经济发展付出的环境代价大。2007 年初，六盘水市被列入国家环保总局"区域限批"③ 名单，地区发展因环境问题而被限制。

在理论上煤炭资源开采利用产生的负外部性问题导致资源配置效率低，使得煤炭资源开采利用活动主体的私人成本低于社会成本。企业成本转化为社会成本，即煤炭资源开发利用的碳排放，造成环境污染，继而导致生态环境问题，企业没有治理而转化为社会问题，社会发展成本增加。

对于煤炭资源开发利用的负外部性影响与社会发展成本的增加，煤炭价格对地区财政收入的影响，可以从 2012—2016 年六盘水市公共财政预算收入

---

① "三去一降一补"即去产能、去库存、去杠杆、降成本、补短板五大任务。

② 李斌."区域限批"与地方污染防治的研究：以贵州省六盘水市为例[D].天津：天津大学,2009.

③ "区域限批"是指如果一家企业或一个地区出现严重环保违规的事件，环保部门有权暂停这一企业或这一地区所有新建项目的审批，直至该企业或该地区完成整改。2007 年国家环保总局的"区域限批"是我国环境保护历史上首次运用这一政策。

与预算支出方面进行考察（图5.3）。

图 5.3　2012—2016 年六盘水市公共财政预算收入与预算支出

　　总体上看，财政收入与支出均在增长，但是在收入增长的同时，支出也大幅增加，收入与支出的差额逐步扩大，从 2014 年开始最为显著，这与 2013 年煤炭价格达到高点之后逐步回落密切相关。受煤炭行业产能过剩、国家去产能政策的影响，2015 年与 2016 年六盘水市煤炭价格总体低迷，产量低、技术落后、安全不达标的落后煤炭企业面临关闭。因此，六盘水市煤炭的价格与产量均受到影响，财政收入增长缓慢。煤炭支柱产业的发展受到很大影响，其负面作用机制直接传导到经济社会发展领域。例如，经济发展领域的固定资产投资放缓，地区房价总体下跌，银行贷款回收难；在社会领域出现矿工及相关服务行业工人下岗，拖欠工资，人力资源外流等状况，社会发展成本大幅增加，2015 年和 2016 年的财政支出几乎是收入的两倍。2016 年六盘水市生产总值完成 1313.7 亿元，比 2015 年增长 12％。全年公共财政预算收入 133.69 亿元，比 2015 年增长 3.7％。公共财政预算支出 286.50 亿元，比 2015 年增长 11.4％。其中，科学技术、教育、节能环保等方面的支出增速相对较快，分别增长 45.8％、11.9％、94.1％。固定资产投资完成 1357.77 亿元，比 2015 年增长 22.0％。[①]

　　总体上看，煤炭资源型的六盘水市受煤炭行业的外部性环境影响明显，

————————

① 六盘水市统计局.2016 年六盘水市国民经济和社会发展统计公报［R/OL］.(2017-05-29)［2017-10-28］.http://www.tjcn.org/tjgb/24gz/35213.html.

资源利用的效率还不高，产业结构单一，煤炭依赖型的发展模式下多数农民的可行能力受到一定影响，可持续性生计难。因资源开发造成的生态环境问题，进一步影响到人与社会的发展，人与社会的发展成本增加。

（二）六盘水市灰碳贫困问题的绿色应对策略

1. 以国家和省级层面的政策支持绿色发展

有效的政策导向可以为新经济机会的开发提供制度保障。国家在支持贵州绿色发展方面，做出将贵州确定为长江、珠江上游重要生态安全屏障的战略定位（国发〔2012〕2号）。要求继续实施石漠化综合治理等重点生态工程，逐步建立生态补偿机制，促进人与自然和谐相处，构建以重点生态功能区为支撑的"两江"上游生态安全战略格局。在区域协调发展中要求积极推动毕水兴（毕节、六盘水、兴义）能源资源富集区可持续发展，积极开发风能、太阳能、生物质能、地热、浅层地温能等新能源，推进页岩气、煤层气等非常规油气资源的勘探、开发和综合利用。支持六盘水市开展循环经济示范城市建设。

为避免六盘水市走东北传统资源型城市"因资源开发而兴，因资源枯竭而衰"的老路，贵州省积极响应国家能源发展政策，对六盘水市煤炭资源开发利用和产业布局做出长远规划。大力推进六盘水市创建国家循环经济示范城市，拟定《六盘水市循环经济发展暨创建循环经济示范城市工作方案》，帮助六盘水市完成创建国家循环经济示范城市实施方案、建设国家循环经济示范城市规划的编制，并邀请循环经济领域专家对六盘水市创建国家循环经济城市实施方案进行了初审，省十部门指导六盘水市进一步修改、完善建设国家循环经济示范城市规划。最终将会推动碳排放与GDP增长、人民生活质量的"双脱钩"，实现绿色化、低碳化发展道路。

资源开发中的环境治理是一个系统工程，必须抓紧落实。发展循环经济是建设生态文明、实现发展和生态环境保护协同推进的重要途径。贵州省以建设全国生态文明先行示范区为重要契机，大力推进循环经济示范城市、园区、基地和企业建设，强化资源节约管理。从源头减少污染物排放，拓宽废弃物资源化、循环化利用途径，不断扩大循环经济发展规模。走可持续绿色发展之路，避免走资源型城市"因资源开发而兴，因资源枯竭而衰"的老路、弯路。

2. 以少数民族生态文化理念为基础探索绿色发展道路

意识是物质世界长期发展的产物，是人对客观存在的反映，是社会实践的产物，人们在意识的指导下能动地改造世界。文化是人类创造的，又对人的活动产生反作用。生态文化是一种弘扬人与自然和谐共生的文化，是重视生态价值的文化，有利于营造节约资源、保护环境的社会氛围。我国少数民族自古就有保护生态环境和森林资源的传统文化。文化与少数民族森林资源管理紧密不可分割。文化在社会生产方式、生活方式、与自然的协调方式（保护森林等自然资源）等多方面，左右着少数民族的生存与发展。[①]

少数民族朴素的生态文化培养了他们尊重自然的价值观，避免过度地向自然界索取，避免为发展经济而牺牲生态环境。此外，务农收入是六盘水市贫困农户收入的重要组成部分，为解决灰碳贫困问题，需要不断改善区域生态环境，为农业生产营造良好的自然生态条件，促进农业增产增收，进而增加农民收入，帮助农民摆脱灰碳贫困。

六盘水市有 44 个少数民族，以彝族、苗族、布依族为主。少数民族虽然人数不多，但也是六盘水市的重要成员。他们在地方经济社会发展与生态环境保护中贡献着智慧和力量，特别是他们朴素的生态保护观念与其赖以生存的环境形成了朴素而"天人合一"的共生、互惠关系。例如，彝族文化中就有深厚的"天人合一"的生态理念：人类是自然的一部分，人与自然不可分割、休戚与共。彝族史诗《支格阿鲁王》中就论述道，"雄鹰是你父亲，是鹰翅把你覆大；马桑是你母亲，乳汁哺你长大"，体现了人与动物休戚与共。彝族人尊重自然、顺应自然。彝族谚语讲道，"天上一颗星，地下一个人，知天知地必知人"，展现了人与自然的心心相印。在苗族、布依族等其他少数民族文化中，也有类似"天人合一"的生态理念。六盘水市在煤炭资源开发利用中要深刻领悟这种生态文化理念的精神内核，大力传承和弘扬民族文化，将彝族"天人合一"的生态理念运用到扶贫开发战略与生态保护的实践中。在资源开发利用中坚持"绿水青山就是金山银山"的理念，将生态建设纳入地方扶贫开发规划，真正走出一条百姓富、生态美的绿色发展之路，从而摆脱灰碳贫困。

---

①　张慧平,马超德,郑小贤.浅谈少数民族生态文化与森林资源管理[J].北京林业大学学报(社会科学版),2006(1):6-9.

3. 以碳交易的实施推动绿色发展

六盘水市的碳交易目前以少量清洁能源 CDM 项目为主①，尚未建立碳交易平台，碳交易基础薄弱。实现碳交易、推动绿色发展还需要做大量准备工作。

第一，加强碳排放的监测、统计工作，促进碳排放信息化管理平台建设。充分发挥政府的公共服务职能，加强应对气候变化信息化管理平台建设，构建碳认证、碳交易、碳金融等低碳服务体系。

第二，加强碳交易体制机制建设，为绿色低碳转型发展提供制度保障。充分发挥市场在资源配置中的决定性作用，通过市场引导资金、技术和先进的管理理念进入 CDM 项目，构建服务于碳交易的市场化管理机制和工作机制。以六盘水"国家循环经济示范城市"的创建为契机，推进绿色低碳发展理念有机地融入地方社会经济发展规划。推进碳排放权、排污权交易试点工作，按照国家和省的工作实施方案，积极推进碳交易工作。

第三，以清洁能源项目的发展促进能源结构调整，创造非农就业岗位。减小对煤炭资源的依赖，推动能源多样化，积极推进煤层气、天然气及非常规天然气（页岩气）等清洁燃料的开发利用。因地制宜发展风电、光伏、水电、生物质能等清洁能源项目，通过清洁能源项目的发展为当地群众提供绿色非农就业岗位，增加他们的收入。

在做好碳交易的准备后，一旦碳交易统一市场建立，就可以利用碳交易获得的资金、先进技术与管理理念，加快六盘水市基础设施建设，提升煤炭资源开发利用的技术水平与效率，从而提升能源普遍服务水平，促进资源优势转化为经济社会发展优势，扩大地区生产可能性边界，为六盘水市的贫困群众创造更多的就业机会，助力绿色减贫。

4. 以技术改造、碳减排的实施助力绿色发展

以技术改造为基础，大力发展清洁生产技术是当前中国经济发展转型的重大战略性问题，需要从对民族未来负责的高度出发，注重体制建设与技术

---

① 贵州盘江煤层气开发利用有限责任公司 CDM 项目已签发 262 万 t，收入 127 万欧元，CCER 项目已备案 180 万 t，销售 80 万 t，收入 800 万元。

发展，将发展清洁生产技术贯穿于产业结构转型升级中，实现碳减排。① 以此思路，为实现基础发展中由"黑"变"绿"，走绿色发展道路，六盘水市应以煤炭清洁利用为核心，推进循环经济示范城市创建，实施创新驱动发展，推动资源多级循环利用，推进产业转型升级。不仅要推动煤层气等清洁能源的开发利用，还要推动大型能耗企业的技术改造，从技术创新方面实现清洁生产，促进碳减排。盘州市邦达公司旗下的煤矿率先进行技术改造，建起了西南第一家装备自动装车系统的铁路运输专用货场及铁路专用线，建有大型机械制造及维修中心，实现大型生产设备自行维护维修、常用材料及易损件自行生产加工，公司的 6 个煤矿在贵州民营煤矿中率先实现全机械化综采，生产效率和安全水平大幅提高。另外，粤黔电力公司一直重视环保工作，按照"营造绿色环境、构建生态文明、奉献绿色能源、构建和谐社会"的环保理念，大力推进技术改造。以绿色低碳技术的研发和应用推动产业优化升级和碳排放量减少。另外，如果政府对节能减排、减少污染的市场主体给予适当的补贴，也可以达到社会最优。

贵州粤黔电力有限责任公司盘南电厂 4×600 MW 机组凝结水泵设计均为工频运行，该机组长期处于深度调峰（调峰深度为额定负荷的 50%）工况运行，机组低负荷运行时凝结水泵采用节流调节，节流损失比较大。针对此问题，该公司进行了技术改造，能提高电厂的运行效率，节能降耗。根据调研中盘南电厂生产技术部提供的资料，若按照每吨污染物造成的经济损失约为8000 元人民币计算，每年减少因大气污染物排放造成的经济损失约为 1.32 亿元。2009 年以来，盘南电厂进行了凝结水泵变频改造、发电机炉微油点火系统改造、空预器密封改造、机组调节系统优化改造、循环水泵运行方式调整、汽轮机通流部分汽封改造等多项技术改造。通过技术改造，机组运行效能提升，实现了节能降耗，其效益折算为每年节约 14.1 万 t 的标准煤量。另外，在技术改造中脱硫产生的石膏，还可以为电厂带来一定的经济效益。

5. 以农村"三变"改革为核心摆脱灰碳贫困，实现绿色奔小康

最大的扶贫是发展，最大的动力是改革。在六盘水市农村土地公有制性

---

① 李俊杰,李波,段世德.武汉市清洁生产模式及应用研究[M].北京:科学出版社,2015.

质不变、耕地红线不突破、农民利益不受损的基础上，推进农村资源变资产、资金变股金、农民变股东的"三变"改革。① 通过多种形式的股份合作引导农民通过土地参股、技术参股、资源参股、房屋参股、劳动力参股，以股份合作为纽带，推动农村经济规模化、组织化、市场化发展，激活农村各类生产要素潜能，激励贫困人口参与农村资源开发。

"三变"改革的制度设计是通过提升农民的可行能力，让他们共享资源开发的利益。减贫的根本办法要靠制度与市场，而不能仅靠地方政府的运动式治理。农村贫困问题的解决，最终办法仍然是也只能是制度建设与市场建设，通过制度建设和市场建设，让农民从响应市场机会中自主地获得劳动收入，从而有主体性地缓解贫困。② "三变"改革就是将制度与市场建设结合，激活农村各种生产要素，调动农民的积极性，拓展农民发展权，以市场化的方式实现农村资源的优化配置。

"三变"改革以既保住绿水青山又创造金山银山为中心，立足资源禀赋，通过生态产业化、产业生态化发展，激活山地资源、生态资源、政策资源、劳动力资源等各种发展要素。在资源变资产的过程中，可以将碳交易的收益打包，积少成多，组建集体资产，进行资产经营，农民从中分红。

"三变"改革将千万农户与千变万化的市场结合。扩大农民的生产生活空间，提高农业生产经营的组织化程度和市场竞争力，优化配置资源，为更多农民参与改革提供平台，让改革发展成果更多地惠及普通农民。例如，依托"三变"改革，在煤炭资源开发利用中占用农村集体土地，将以前一次性给予现金补偿的方式转变为给原住居民集体股权的方式，让矿区贫困人口共享煤炭资源开发的收益。

六盘水市的"三变"改革有利于煤炭资源富集的矿区，在农村资产"三权分置"思想指导下，以经营权的流转为中心，促进农民角色转变，拓展农民发展权，提升农民就业与获取收入的可行能力，让更多的普通农民参与矿区资源开发利用，更好地分享资源开发收益。通过改革与分配制度创新，将矿区农村沉睡的资源变成农民财富的源泉。

---

① 多彩贵州网综合.改革有成效 六盘水市"三变"被纳入中央一号文件[EB/OL].(2017-02-07)[2018-03-09].http://lps.gog.cn/system/2017/02/07/015398518.shtml.

② 贺雪峰.中国农村反贫困问题研究:类型、误区及对策[J].社会科学,2017(4):57-63.

六、本章小结

党的十八届五中全会提出了"创新、协调、绿色、开放、共享"的五大发展理念，将绿色发展作为关系我国改革发展全局的一个重要理念，作为"十三五"乃至更长时期我国经济社会发展的一个重要基本理念。全面建成小康社会，对于六盘水市这样的欠发达民族地区来说，难度很大。既要有追赶的速度，又要有发展的质量；既要能创造出金山银山，又要守得住绿水青山。这就要用绿色发展理念引领脱贫攻坚战，更多地让少数民族百姓笑出"幸福之美"，让山川呈现"生态之美"，让经济社会内生"和谐之美"，为建设美丽中国做贡献。

生态环境脆弱、资源依赖型民族地区在绿色发展中面临着灰碳贫困、能源安全、环境污染、气候变化等诸多挑战，地区经济社会发展的成本高。以政策制度创新为中心，必须加快经济体制和企业制度的改革创新，盘活市场资源要素，优化资源配置，带动产业转型升级，充分调动人的积极性与创造性，减少能源开发利用的负外部性影响，加大生态环境整治力度，提升资源富集民族地区群众的收入水平和生活质量。

第六章 民族地区生态环境保护与碳汇：
湖北恩施州绿碳贫困

一、恩施州的资源禀赋与碳贫困概况

恩施土家族苗族自治州（简称"恩施州"）是湖北省的自治州、地级行政区，位于湖北省西南部，不仅处在巫山山脉、武陵山山脉和齐岳山山脉组成的山地之中，还处在鄂、湘、渝三省（市）交汇之处，具有承东启西、接南纳北的区位优势。恩施州总面积 2.4 万 km²，占湖北省总面积的 13%，辖恩施、利川两市和建始、巴东、宣恩、来凤、咸丰、鹤峰 6 县。恩施州是以土家族、苗族聚居，侗族、白族、蒙古族、回族等少数民族散杂居为主要特征的少数民族地区。全州除汉族外，还居住着土家族、苗族、侗族、白族、蒙古族等 28 个少数民族。2016 年年末总人口为 404.01 万人。全州人口密度（按 2016 年 334.6 万人常住人口计算）为 139 人/km²。湖北省的人口密度为 316 人/km²。恩施州多山地，表现出地广人稀、人口密度小的特征。恩施于 1983 年 8 月 19 日建州，是我国最年轻的自治州，也是湖北省唯一的少数民族自治州。

恩施州的碳贫困是一种生态资源富集，但是由于生态环境保护的需要，地区开发与经济社会发展受到一定限制，地区基础设施建设落后，投资开发力度不够，地区与人的可行能力受到一定的制约，受环境与政策的外部性影响而表现出的绿碳贫困。下文将从恩施州的自然生态地位、资源禀赋、经济社会发展状况与少数民族文化等方面简要阐释恩施州的绿碳贫困概况。

从自然生态地位上看，恩施州是长江上游重点水源涵养区，是保护大三峡生态环境的第一屏障，是中国生物多样性保存最好的区域之一。所处的武陵山片区不仅是国家层面限制开发的 25 个重点生态功能区之一，也是重要的生物多样性和水土保持功能区，还是长江中下游的生态安全屏障，对于促进中国区域经济社会和生态协调发展具有非常重要的战略意义。

从社会经济发展上看，恩施州不仅是武陵山集中连片特困区的重要组成部分，还是湖北省"一元多层次"战略体系"一红一绿"中的重要层级和四大扶贫攻坚主战场之一，下辖的 8 个县（市）均为国家级贫困县（市）。2016年年末恩施州建档立卡的贫困人口规模达到 495318 人，占湖北省建档立卡贫困人口的 17.23%，贫困人口总数多，贫困发生率高，属于生态环境良好的贫困民族地区。

在地区发展战略中，湖北省根据各区域的资源禀赋特征、经济社会发展程度，为了发挥各地的比较优势、资源优势，有针对性地解决各地发展中存在的突出矛盾和问题，制定了"两圈一带"① 的发展战略。生态资源富集的山区、边远地区经济社会发展一般比较落后，城镇化水平低，当地吸纳就业的能力不足，人们的可行能力不足，容易出现绿碳贫困。为从经济社会发展的总体概况上说明恩施州的绿碳贫困问题，本书选取了与恩施州同级别的"长江经济带"中的荆州市、"武汉城市圈"中的孝感市，将这三地 2016 年经济社会发展中的主要指标数据进行对比。

在地方经济发展方面，荆州拥有"承东启西"的区位条件和长江"黄金水道"的交通优势；孝感市有靠近武汉市，承接产业转移的地理区位优势；恩施州虽然生态环境良好，但是处在武陵山区，地理位置偏远，交通相对不便，缺乏经济发展的区位条件。

在表 6.1 2016 年湖北省三市（州）经济社会发展的主要指标中，本书将户籍总人口与年末常住人口的差额视为外出流动人口（外出务工人员）数。在三市（州）中，恩施州的总人口最少，其中有 69.41 万人外出务工，占户籍总人口的 17.18%；荆州市总人口最多，其中有 76.56 万人外出务工，占户籍总人口的 11.84%；孝感市有 32.78 万人外出务工，占户籍总人口的 6.27%。恩施州的外出务工人员总量虽然不是最多的，但是占户籍总人口的比例最大，说明劳动力外流的情况明显；外出务工人员多、比例大，表明当地的就业岗位供给能力不足，不利于劳动力可行能力的就地发挥。

---

① 在湖北省，武汉城市圈、鄂西生态文化旅游圈、长江经济带"三位一体"构成"两圈一带"。

从经济体量上看，2016年恩施州地区生产总值不及荆州市和孝感市的二分之一，总量差距大。在三次产业结构中，虽然恩施州的第三产业比重最高，但是第二产业的比重明显较低，说明工业发展较为落后。固定资产投资额远远低于荆州市的和孝感市的，说明地区开发建设的力度还不够。人均地区生产总值、居民人均可支配收入均较大幅度低于荆州市的和孝感市的。社会消费品零售总额、财政总收入、外贸出口额均与荆州市、孝感市存在较大差距。而森林覆盖率远远高于荆州市和孝感市，从这个角度说，恩施州存在着生态资源富集的比较优势。

表 6.1 2016 年湖北省三市（州）经济社会发展主要指标数据对比

城市	恩施州	荆州市	孝感市
地区生产总值（亿元）	735.7	1726.75	1576.69
三次产业结构（%）	20.7：36：43.3	22.2：42.6：35.2	17.8：48：34.2
人均 GDP（元）	22050	30305	32149
户籍总人口（万人）	404.01	646.35	523.21
年末常住人口（万人）	334.6	569.79	490.43
固定资产投资（亿元）	719.4	2001.67	1899.43
社会消费品零售总额（亿元）	500.39	1056.13	883.66
外贸出口额（亿美元）	5.43	9.83	9.27
财政总收入（亿元）	142.62	175.12	185.21
居民人均可支配收入（元）	13905	21186	20517
森林覆盖率（%）	67	20.39	19

数据来源：2016 年《恩施州国民经济和社会发展统计公报》《荆州市国民经济和社会发展统计公报》《孝感市国民经济和社会发展统计公报》。

从总体上看，恩施州在湖北省"两圈一带"中激发经济社会发展的比较优势不明显，经济总量不大，各指标与另外两市还存在很大的差距。恩施州虽然生态环境良好，但是在摆脱不利因素的束缚、争取发展政策的扶持、促进地方经济社会发展、脱贫攻坚等方面的任务依然艰巨。

长期以来，由于历史、自然环境、交通条件、现实体制等多重因素的制约和影响，恩施州是湖北省农村贫困人口分布最多的民族地区。虽然通过几轮扶贫开发和各级政府的努力取得了较大的扶贫成果，但仍然存在诸多亟待优化和完善的地方。例如，土地开发程度低、利用率不高，要在短时间内开发利用好，尚需投入大量的精力和时间；部分群众居住在偏远山区，交通闭塞，基础设施落后，脱贫难度大。

在民族地区经济社会发展中，民族文化扮演着重要的角色。民族文化与民族所处的自然生态环境有着密切的关系。恩施州地处鄂西山区，树木、森林深刻地影响着当地人的生产、生活，甚至意识形态。居住在这片土地上的少数民族历来重视生态环境保护，有较强的生态文化保护观念，形成了少数民族与自然的和谐相处之道。这种"意识形态""和谐之道"对生产生活的影响或许与绿碳贫困之间存在着一定的关联。

南方山地民族有许多保护生态环境的积极文化行为。以侗族、土家族为例，他们在与自然界长期斗争的过程中，对自然环境产生了深刻认识，积累了朴素的生态保护经验和人与自然和谐相处的智慧，形成了表现在合理的宗教信仰、轮歇（根据土地的"地力"情况，将土地划分为若干片，逐年开辟新的轮歇地）、山（树）标、防火等方面的"靠山吃山、吃山养山"的和谐生态观，将居住地的山看成是"神山"和"禁地"。在林木保护方面，侗族对樟树、松柏、紫檀木等一律不许砍伐。凡是在寨子、凉亭、道路边的乔木，特别是常绿乔木，一旦发现幼苗，不论老少，都会主动保护。

侗族、土家族保护森林生态的朴素举措有"树标""十八年杉"轮伐制，即将青草扭成田螺形状后挂在幼树上，当人们看见这种"树标"时，就知道这片林木已经受到保护，便自觉地另找其他山地砍柴。侗族、土家族等民族都有种植"十八年杉"的习俗。根据侗族习俗，婴儿出生后，家里人就在坡地上栽 100 棵杉苗，直到 18 年后才准砍伐，作为男婚女嫁的费用。对土家族人来说，若婴儿降生在春季，家里人须按照习俗栽下几株或 10 多株椿树苗，称为栽"喜树"；若婴儿出生在秋季或冬季，家里人就得在当年的冬季或次年的春季补栽喜树。[①]

山标与轮伐制是侗族、土家族人民与自然和谐共生的具体体现，

①　柏贵喜.南方山地民族传统文化与生态环境保护[J].中南民族学院学报(哲学社会科学版),1997(2):52-56.(有改动)

这种制度被沿用至今，进一步表明侗族文化中的和谐元素以及与生态环境的和谐相处之道。

侗族的"轮歇"制度则体现永续利用的思想。在薪炭林的轮伐和轮歇方面，侗族有句俗语，"不饱不饿三石米，不咸不淡九斤盐，用油多少没止境，柴火一丈烧一年"。土地轮歇制度中休闲期的土地经过恢复，基本类似于自然林，使得侗族地区始终保持着很高的森林覆盖度，创造了侗乡优美的大自然绿色景观。[①]

少数民族群众的自然崇拜意识，经过不断地传承形成了朴素的与自然环境和谐相处之道，积累了巨大的生态财富，这在保护生态环境、增加碳汇方面发挥着潜移默化的作用。但是如何在保护地区生态环境的同时实现地区经济、社会与人的可持续发展？如何挖掘与利用生态财富？如何促进人的全面发展？这些是绿碳贫困地区需要考虑的重要问题。

二、恩施州生态环境保护的正外部性效益

(一) 生态环境保护中的碳汇种类

碳是地球上重要的生命元素，也是地球上重要的环境要素。在地球演化和生命起源的历史长河中，碳扮演着非常重要的角色。

碳循环主要是从大气的二氧化碳库开始，经过生产者的光合作用，碳被固定，生成糖类，然后经过消费者和分解者的作用，在呼吸和残体腐败分解后，碳再回到大气碳库中。碳被固定后始终与生态系统的能量流动密切结合，生态系统生产力的高低也是用单位面积中的碳含量来衡量的。

《联合国气候变化框架公约》将"碳汇"定义为从大气中清除温室气体的过程、活动或机制。从实体上看，碳汇是储存碳的"库"。碳库是在碳循环过程中地球系统各个储存碳的部分。

碳汇主体不同，从而形成了不同的碳库，主要有：①地质碳库（表现为岩溶碳汇）；②海洋碳库，世界上最大的碳库（表现为海洋碳汇）；③土壤碳

---

① 李俊杰.少数民族传统文化中的和谐元素及现代价值:以侗族为例[J].民族论坛,2008(2):18-20.

库，陆地生态系统中最大的碳库（表现为土壤碳汇）；④生态系统碳库（按植被类型分类，表现为森林碳汇、草地碳汇、农田碳汇和湿地碳汇）。基于以上分类，本书尝试根据恩施州良好生态环境中碳库所处的不同位置，将碳库分为地上碳库（森林和农作物碳汇）、地中碳库（土壤碳汇）和地下碳库（岩溶碳汇）。

恩施州良好的生态环境对于碳汇的形成起着至关重要的作用。对于森林碳汇来说，只要森林覆盖率高，蓄积量大，固碳能力就强，就能吸收更多的二氧化碳。在农业碳汇方面，少数民族群众普遍受传统农耕农牧思想的影响，受知识水平与种植技术的制约，农作物的种植以粮食为主，品种单一，种植方式不够科学，农作物碳汇还存在着很大的提升空间。恩施州地处武陵山区，土地细碎化，农耕与畜牧方式落后，极易造成水土流失，土壤固碳能力下降。恩施州属于云贵高原及其延伸地段，岩溶地貌分布很广泛。在快速推进工业化、城镇化过程中，大量基础设施的建设对岩溶的固碳能力产生了较大影响。

恩施州以森林碳汇为主，全州的森林面积达到 1700 多万亩；活立木蓄积5000 多万 m^3，2016 年的森林覆盖率为 67%，覆盖面广，林种多样，由此带来的碳汇储备非常可观。森林具有很强的二氧化碳吸收能力，并且氧气的释放能力也较强[1]，每公顷的森林吸收并固定二氧化碳的能力可以达到 150.47t。在森林碳汇作用下，成熟森林的土壤有机碳持续增加，因此具有较强的碳汇功能。

天然林保护工程、退耕还林工程、长江流域防护林建设工程、碳汇造林在恩施州林业生态建设中发挥着重要的作用。除了已有的森林，恩施州每年还加大造林和再造林的力度，这些造林与再造林的项目若纳入 CDM 项目计划进行林业碳汇交易，将具有巨大的碳交易价值。此外，恩施州的生态农业资源丰富、特色明显，具有较大的农业碳汇潜力。

（二）林业碳汇与恩施州碳汇林

气候变化是当前全球面临的共同环境问题，它会带来一系列的外部性影响，特别是对生态脆弱区的农业影响大，对生态脆弱区居民的生活影响也大。减少温室气体排放和增加温室气体的吸收是应对气候变化的迫切需求。碳汇

---

① 相关研究表明：林木每生长 1m^3 的蓄积量，平均吸收 1.83t 的二氧化碳，释放 1.62t 氧气。

造林是以增加森林碳汇为主要目的造林活动，碳汇林突出了森林的碳汇功能。森林对二氧化碳的吸收和固定作用强，是固定大气二氧化碳最为有效的手段之一。

森林是陆地生态系统最大的碳储库和最经济的吸碳器。全球陆地生态系统中储存了约 2.48 万亿 t 碳，其中 1.15 万亿 t 碳被储存在森林生态系统中。中国森林植被的碳储量为 78.11 亿 t，相当于燃烧 109 亿 t 标准煤的二氧化碳排放量。生物固碳增汇减排（间接减排）的成本远远小于工业减排（直接减排）成本。[①] 森林固碳功能显著，在减缓全球气候变化中具有不可替代的作用。林业碳汇是通过造林、再造林和森林管理，吸收二氧化碳并将其固定在植被或土壤中，从而减少大气中二氧化碳浓度的过程和活动。[②] 森林固碳投资小，代价小，综合效益好。对于二氧化碳排放的市场外部性，通过林业碳汇项目的成本有效管控机制，其外部成本得以内部化，不仅可以实现森林生态系统外部正效应的价值补偿，还为增加自然资本的价值提供了可行的市场化机制。

林业的生态功能在经济上被广泛认可，并为林业以森林固碳为基础的生态效益补偿市场化创造了必要的条件。有效减少温室气体的林业 CDM 项目，其合作形式是由工业化国家出资，在《京都议定书》缔约的发展中国家无林地上造林或再造林，森林将大气中的二氧化碳固定下来，碳总量经过核证后，由出资方支配这部分碳的所有权或用来折抵其在《京都议定书》中应承担的减排义务，从而构成碳交易。国际合作中参与林业 CDM 项目是一种很好的融资渠道。通过实施林业 CDM 项目进行国际碳排放权交易，有利于发展中国家吸收发达国家的资金、技术与管理方式等先进生产力要素，推动发展中国家林业生产力的发展，激发市场活力。

碳汇林业通过扩大林地面积和科学造林、营林，充分发挥森林碳汇功能，从而降低大气中二氧化碳的浓度。恩施州碳汇林发展具有重要意义。作为湖北省重要的林区，在碳汇林发展中，恩施州森林覆盖率已经比较高，并且有一部分林木已进入"老龄"阶段（根据州林业局的统计数据，恩施州成熟林面积 28078.48hm²，蓄积 2527466m³，过熟林面积 4953.4hm²，蓄积 712783m³）。此类林木生长缓慢并且容易受到病虫害的侵害。因此，对于成熟林与过熟林，根据区位、生长期、树龄的状况，通过合理采伐用于林木生产

---

① 董恒宇.碳汇理论与绿色发展[J].鄱阳湖学刊,2012(1):5-12.

② 唐方方.气候变化与碳交易[M].北京:北京大学出版社,2012.

与加工，采老补新，不仅可以获得木材资源，还能实现森林生态系统的良性循环并增加森林碳汇。

在森林经营与林业碳汇发展中，中国绿色碳基金秘书长李怒云就提出：一味反对砍树是误区。她认为：在应对气候变化的背景下，应该提倡更多地使用木材。树木生长的过程就是吸收二氧化碳的过程。树木长得快、利用得快，吸收固定碳就多。如此循环，可以降低大气中温室气体的浓度，对减缓气候变化贡献大。① 适度砍伐"老龄"林，一方面，可以满足市场的木材需求，减少钢铁、塑料的使用量，从而减少工业碳排放；另一方面，在"老龄"林已砍伐的地方，通过再造林可增加林业碳汇。这样不仅可以长期储存碳，还可以为森林碳汇的增加提供新的空间。因此，恩施州应结合"山更青"专项治理活动，加大对森林经营与管理的投入力度，适度砍伐"老龄"林，提升森林质量，增强森林碳吸收能力，奠定碳汇交易基础。

以造林与再造林为基础的碳汇交易带动了传统以森林采伐为主的经营方式向注重森林多种效益的经营方式转变。在碳交易方面，利用恩施州良好的森林生态资源，积极探索林业碳汇项目发展与交易的有效模式，有计划、有步骤地稳步推进，形成生态保护、林业增效、林农增收、企业发展的"多赢"局面。

对于造林与再造林"多赢"发展的实践，恩施州已有林业碳汇项目发展案例。

案例一：恩施州宣恩县蒙恩林业碳汇项目

湖北蒙恩花木发展有限公司是一家鄂西地区投资规模和实力较大的以造林和碳汇交易为主，以绿化景观工程承接及苗木、根艺、盆景、花卉生产及销售为辅的林业产业化省级重点龙头企业，一直致力于现代农（林）业投资建设，是湖北省第一批纳入碳汇交易试点的民营企业。2012 年进驻恩施州宣恩县工业园区椒园生态产业园后，企业以边建设边经营的思路，当年即完成新造碳汇林 23831 亩（已通过林业主管部门验收合格）。

2013 年在宣恩县晓关乡和李家河乡进行造林。晓关乡干家坝村 5 个小班，面积 1122 亩；卧西坪村 40 个小班，面积 9137 亩；铜锣

① 铁铮,耿国彪.李怒云和她的绿色碳汇[J].绿色中国,2014(23):38-41.

坪村 23 个小班，面积 4980 亩。李家河乡黄柏园村 7 个小班，面积 1952 亩；田么坪村 7 个小班，面积 1563 亩；上洞坪村 18 个小班，面积 3456 亩。考虑到林地状况，根据适地适树的原则，营造碳汇林树种为椿树和柳杉。造林树种为本土物种，没有外来入侵物种或转基因物种。

蒙恩花木发展有限公司启动的总投资超过 3 亿元的碳汇造林项目，计划用 10 年时间在宣恩造碳汇林 20 万亩，每年可获陕西华阴市万兴石业有限公司投资资金 1000 万元，项目建成后，可以极大地改善宣恩县生态环境，预期可实现碳汇交易产值 1.4 亿元（不含林木收入）。但是碳汇造林时间长，投资量大，并且需要大量贷款。根据调研，目前受行业市场环境的影响，花卉苗木市场价格走低，2017 年公司面临着资金压力大（每年的贷款利息就有好几百万）的问题，生产经营比较困难。

该公司已完成近 3 万亩的造林任务。新时代我国的综合国力不断增强，人民生活水平日益提高，人们对美好生活的需要，对更高生活环境的需求更加迫切和明显。因此，新时代生态建设的思路与方式必须更新，林业碳汇交易有利于吸纳更多的社会资本与技术进入生态建设，林业碳汇的发展也是碳汇交易的重要内容。

案例二：东风"碳平衡"生态经济林项目[①]

位于湖北省恩施州的东风"碳平衡"生态经济林项目是东风汽车股份有限公司（简称东风公司）社会责任"润"计划中履行环境责任的特色项目，也是东风公司参与湖北"616"工程，开展对口支援工作的重要举措。

2011 年 10 月 14 日，东风公司与恩施市政府达成共识，签订了《东风"碳平衡"生态产业林基地合作框架协议》，并着手制订《东风"碳平衡"生态产业林基地建设总体操作方案》。项目通过为种植经济林的农户和农村集体组织提供扶持性种植补贴，帮助农户抵御种植风险，确保其获取较好经济收益。企业还通过植树固碳，冲抵自身的碳排放，更好地承担环保责任，是国内汽车企业首倡的"植树固碳抵冲企业碳排放、以工补农实现绿色农业"等减排新模式。

---

① 李燕,傅祥友,闫霞.东风(恩施)碳平衡项目开创环保公益新模式[N].湖北日报,2015-10-19(5).(有改动)

2012年3月，东风公司启动了恩施"碳平衡"生态经济林项目，计划累计投入资金600万元，在恩施打造1万亩生态经济林，种植油茶、核桃等农作物，涉及3896个农户。

2012年3月10日，首个万亩东风"碳平衡"生态经济林产业示范基地，在恩施市屯堡乡田凤坪村正式落户。截至2015年7月3日，东风公司在屯堡、小渡船、舞阳坝等3个乡镇（办事处）完成9000亩油茶林与1000亩核桃林的种植、补植工作。万亩山野林果长势良好，标志着"东风（恩施）碳平衡生态经济林"正式建成。由此，该项目将转入护林、惠农和碳交易管理阶段。

该项目参照公益信托的形式运营，实行政府引导、企业参与、农民种植，委托给当地的农林专业开发企业湖北金贝嘉油品有限公司进行管理，其采取土地流转、租赁、联营等合作方式与农户签订项目建设合同，明确分配方式，共同建设基地，实行集约化、规范化经营管理；建成投产后，由专业开发公司负责收购产品，进行深度加工，实行加工增值，确保农民利益。

在农民收入方面，未挂果时期，农户可以通过种植瓜菜获得每亩2000～3000元的收入。经过3年的科学经营，基地已处于挂果期，预计在2018年进入盛果期，将为农村经济"造血"提供强大动力。

通过科学规划、经营与管理，该项目的经济和生态效益显现。根据恩施市林业局的预测，进入挂果期，农户每亩收益约为3000元；进入盛果期，农户每亩收益最高可达5000元。仅9000亩茶树种植项目就可以实现2700万元产值，以茶树最低树龄80年计算，预计将实现产值至少21.6亿元。同时，1万亩生态林可吸收500～1000t CO_2e，3～4年后将为企业减排1万t CO_2。若按照2017年湖北省碳排放交易中心的碳交易价格（均价23元/t）计算，可获得23万元的林业碳汇收益。

东风公司构建"碳平衡"生态经济林基地，符合中国经济发展的方向，促进企业、自然、社会、国家等的"多赢"与"和谐"。通过补贴投入、合作共建，扶持贫困地区发展经济林，带动农民就业与增收，优化当地的产业结构。同时，通过经济林注册的碳汇来冲抵企业的碳排放，属于碳市场中的自愿碳交易，既彰显了企业自愿减排、致力环保的社会责任，又能更好地保护恩施绿色自然环境、推进地方生态环境良性发展，实现了经济林与林业碳汇在地区经济发展、社会进步方面的良好正外部效应。

（三）恩施州生态环境保护与碳汇的外部性分析

减小大气中温室气体含量，减缓气候变暖的措施主要有两种：一是减少温室气体的排放源，二是增加温室气体的吸收方式与吸收汇。第二种方式主要是增加碳汇。目前，通过造林和森林经营等林业碳汇项目来增加森林碳汇量是世界公认的经济且有效的减缓大气中二氧化碳上升过快的办法。[1]

植物通过光合作用将大气中的二氧化碳转化为碳水化合物，并且以有机碳的形式将其固定在植物体内或土壤中。生物固碳是利用植物的光合作用，提高生态系统的碳吸收和储存能力，从而减小大气中二氧化碳的浓度，减缓全球气候变暖。生物固碳的措施主要有造林、再造林及加强农业土壤吸收等，以增加植物和土壤的固碳能力。这是最经济且副作用最小的固碳方法，对于减缓气候变化、实现人类可持续发展方面具有重要意义。[2]

林业碳汇的正外部性具有减缓和适应气候变化的双重功能。造林与森林经营活动有利于农民就业和增收，促进农村可持续发展，保护生物多样性，改善生态环境，提高社会生态文明水平，有利于环境保护和国家生态安全。林业碳汇项目的负外部性表现在：森林所吸收的二氧化碳存在着因采伐、火灾、病虫害等人为原因或自然灾害被重新释放到大气中的风险。

森林作为二氧化碳的载体，是一种无形资产。恩施州生态环境良好，森林覆盖率高，有七县市被列为省级重点生态功能区，生态保护与建设的任务艰巨。在区域经济发展与生态建设中，既不能因为过度发展经济而造成生态环境被破坏，又不能过分强调生态保护而束缚经济发展。在目前生态补偿不足的情况下，某些社会主体享受了生态环境带来的利益却没有承担相应的责任，环保主体履行了环保义务却可能牺牲了自己的发展机会。在这种情况下，碳汇交易就可以显示其生态价值，一定程度上体现公平性，使得行为人的权

① 朱丽.林业碳汇:"光合作用"也赚钱[N].科技日报,2011-8-16(7).
② 董恒宇,云锦凤,王国钟.碳汇概要[M].北京:科学出版社,2012.

利和义务相统一，这将给恩施州的发展带来新机遇。

碳汇交易是林业碳汇项目的潜在目的之一①，发展林业碳汇不仅是一种新的经济增长方式，更是净化空气、保护水源、防止沙漠化和促进生物多样性的重要方式。除林地外，恩施州还有草地、水体等固碳载体。根据有关研究，草地的固碳能力比较强，每公顷草地每年可以固碳1.3t。

恩施州参与碳汇交易，除了可以通过出售核证的二氧化碳排放量外，还可以通过与发达地区合作，来获得发展所需的技术、管理、信息等资源。通过碳汇交易项目建设，项目成员还能在项目实施过程中接受操作技术培训，掌握更多的技能，从而提升专业技能，更好地适应生存环境，扩大自我发展空间，为后续发展提供动力。此外，碳汇林项目建设可促进交通道路等基础设施的改善。恩施州林场中的公路、水、电、通信等基础设施建设还比较滞后。碳汇项目的实施涉及大量交通运输业务，促使项目实施方和当地政府加大对项目执行地交通道路等基础设施建设，由此带来潜在的社会效益，有助于当地居民发展生产、改善生计。例如，在项目谈判中，明确造林公司需要协助村集体为当地农村修建公路，解决出行难问题，以便更好地管理林区，加强与外界市场的联系，同时也方便村民与外界的交流。

碳汇林业发展的正外部性还在于提供绿色就业机会，提高林业建设者的技能和素质。森林的固碳作用取决于树木生长情况，林木生长好，固碳能力就强，反之则弱。如果森林保护得不好，出现火灾、虫灾等，不仅不能固碳，还可能成为碳排放源。动植物的保护与管理，林木种植与经营，森林火灾、病虫害的防护都离不开人的参与，离不开林业建设者的管护。恩施州若参与林业碳汇交易，将拉动对林业养护员、育苗工、病虫害防治员的需求，有利于推动绿色就业，拓展农民就业渠道，增加农民收入，促进农民技能与素质提高。这对于克服反贫困政策实践中"政府主导"过多、"贫困农户参与"不足的问题具有积极意义。

碳汇林建设不仅能带动林业产业的直接就业，还能带动相关产业的间接就业②，如运输业、餐饮业、服务业等，这将进一步扩大当地的就业面。

---

①　按照项目的核心技术措施，林业碳汇项目可分为两大类：一是在无林地上的造林项目；二是在有林地上的森林管理项目。

②　间接就业指在生产过程中，其他行业通过对该行业生产要素中间投入而引致的就业量。

表 6.2 就较为全面地展现了林业产业碳排放及就业岗位的创造能力状况。

表 6.2　林业产业碳排放及就业岗位创造能力①

产业类别	具体行业	碳排放情况	对气候变化的贡献	就业岗位创造能力
传统林业产业 林木培育、种植和养护业	林木培育业	碳增汇	正	强
	林木种植业	碳增汇	正	强
	林木养护业	碳增汇	正	强
林木采伐业	林木采伐业	碳排放	负	弱
	林木运输业	碳排放	负	弱
林产品加工制造业		碳排放	负	中
经济林产品种植与采集业		碳增汇	正	强
花卉产业		碳增汇	正	强
竹产业		碳增汇	正	强
新兴林业产业 林业旅游、休闲、文化产业	林业旅游业	低碳	中性	中
	林业休闲业	低碳	中性	中
林业文化业		低碳	中性	中
非林木林产品产业		低碳	中性	强
林业生态服务业	林业固碳服务产业	碳增汇	正	中
	林业水文服务产业	碳增汇	正	中
	生物多样性保护产业	碳储存	正	中
林业生物产业	生物质能源产业	碳替代	正	强
	生物质材料产业	碳替代	正	强
	生物制药产业	碳替代	正	强
	绿色食品产业	碳替代	正	强

在生态环境保护与碳汇交易的正外部性方面，以恩施州宣恩县湖北蒙恩花木发展有限公司为例。该公司是以造林和碳汇交易为主的林业产业化省级重点龙头企业，该公司的项目可以使上万农户直接受益，实现增收，还将常

---

① 续珊珊.中国森林碳汇问题研究:以黑龙江省森工国有林区为例[M].北京:经济科学出版社,2011.

年为社会提供就业岗位 400 多个，就地吸纳农村剩余劳动力，其经济效益和社会效益十分可观。

在该公司未来的发展计划中，将建设大规模花卉基地，打造恩施花海，发展观光旅游业，这必将带动当地的就业。综上，发展林业能够实现经济效益、社会效益与生态效益的统一，带动农民就业。在全球经济增长放缓和气候变暖的双重压力下，加大林业投资力度，增加森林碳汇，对于促进林业绿色就业具有重要战略意义。

从案例看，植树造林与森林经营管理的外部效益是多方面的。发展碳汇林业不仅能吸收二氧化碳，还能促进农民就业，帮助农村脱贫解困，增强农民护林育林的意识，保护生物多样性，改善环境等。

三、恩施州碳储量的估算与价值量化

中国自然碳汇资源丰富，包括森林、草原、农田、湿地、近海等生物系统产生的碳固定。碳汇资源价值的确定需要量化研究。学者方精云等（2007）对 1981—2000 年的中国森林、灌木丛、草地和农作物四种主要植被类型的生物量碳汇进行了详细评估，并且讨论了整个生态系统（植物和土壤）的碳汇大小及其变化。根据各种植被类型进行碳汇评估，其研究结果显示：中国陆地植被生物量的总碳汇为 96.1～106.1TgC/a。[①]

由于技术条件、研究时间、资金支持等方面因素的限制，本书遵循计算方法的实用性和可操作性以及数据的可得性，利用生态系统基本面数据对恩施州碳汇整体储量进行估算。笔者通过查阅、调研、搜集相关资料，参考国内外已有的研究成果，将从土壤、森林、农作物和岩溶作用四个方面对恩施州 2015 年地上、地中和地下三种类型的碳汇总量进行估算，力求对恩施州的碳汇种类与总量进行较为全面的评估，估算碳汇潜力，将抽象的问题具体化。

本章节的数据来源：①在恩施州发展改革委员会、农业局（现为农业农村局）、林业局、生态环境局、统计局等单位的调研；②基于恩施州林业局第二次森林资源清查数据、州统计局的数据等；③根据恩施州整体生态系统的

---

① 方精云,郭兆迪,朴世龙,等.1981～2000 年中国陆地植被碳汇的估算[J].中国科学 D 辑,2007,37(6):804-812.

特点，对恩施州碳汇种类进行初步整理和分类；④利用相关基础数据计算各类别的碳储量，得到总的碳储量。

（一）恩施州碳储量估算

1. 土壤碳储量的估算

土壤是陆地表层系统参与全球碳循环和影响全球气候变化的主要碳储库[1]，土壤碳密度作为土壤碳汇计算中极其重要的数量指数，不同的地区都有不同的学者进行了较为全面的测算。目前，国内外有关土壤有机碳储量的研究方法主要有土壤类型法、植被类型法、生命带类型法和模型法。其中，土壤类型法是国际上土壤碳储量估算的通用方法。[2] 综合比较各种方法，本书采用土壤类型法估算土壤碳储量，赵传冬等（2011）[3] 和庞丙亮等（2014）[4] 都采用了土壤类型法测算土壤碳储量，并总结出了相对完善的公式，本书就采用这种方法进行土壤碳汇估算：

$$M = \sum_{i=1}^{n} A_i C_i \tag{6.1}$$

在式（6.1）中，M 为恩施州土壤碳储量（t）；A 为研究地区（恩施州）土壤总面积（km²），C 为各类景观类型的土壤碳密度（t/km²），i 为景观类型的数量。土壤的有机碳密度与地形因素密切相关，受高程、坡度和坡向等因素的影响，具有一定的变化规律。土壤有机碳密度是统计土壤有机碳储量的主要参数，是体现土壤特性的重要指标，由土壤有机碳含量砾石（粒径＞2 mm）含量和容重共同确定。本书采用式（6.1）对恩施州 2015 年土壤碳密度与碳质量进行估算，其结果见表6.3。

---

① SCHLESINGER W H. Evidence from chronosequence studies for a low carbon-storage potential of soils[J].Nature,1990,348(6298):232-234.

② ESWARAN H，VANDEN BERG E，REICH P.Organic carbon in soils of the world [J].Soil Science Society of America Journal,1993,57：192-194.

③ 赵传冬,刘国栋,杨柯,等.黑龙江省扎龙湿地及其周边地区土壤碳储量估算与1986年以来的变化趋势研究[J].地学前缘,2011(6):27-33.

④ 庞丙亮,崔丽娟,马牧源,等.扎龙湿地生态系统固碳服务价值评价[J].生态学杂志,2014,33(8):2078-2083.

表 6.3　2015 年恩施州土壤碳密度与碳质量

土壤类别	面积(km²)	碳密度(t/km²)	碳质量(t)
水稻土	773.37	9.79	7571.292
潮土	15.33	2.3	35.259
石灰土	1408.74	2.86	4028.996
紫色土	1106.72	6.68	7392.889
红壤	440.02	8.25	3630.165
黄壤	3613.51	10.25	37038.478
黄棕壤	13520.68	11.22	151702
草甸土	24.00	21.56	517.44
沼泽土	2.00	10	20
棕壤	3116.82	8.46	26368.3
暗棕壤	50.00	37	1850
合计	24071.19		240154.82

2. 森林碳储量的估算

恩施州森林资源丰富，素有"鄂西林海"之称。无论是过去、现在，还是将来，恩施州森林生态系统在维护全州乃至长江中下游生态安全方面具有不可替代的作用。森林生态系统是陆地表面最大的碳库，在减缓温室效应、调节全球碳平衡中具有重要作用。森林生态系统的碳汇主要来源于植被产生的碳，储存在枯落物和土壤中的碳。

笔者通过梳理相关文献发现，国内外森林碳汇测算应用最为广泛的有三种方法：一是样地清查法（包括平均生物量法、平均换算因子法和换算因子连续函数法）；二是涡度相关法；三是应用遥感等新技术的模型模拟法。[1] 从已有的研究文献来看，目前森林碳汇估算的方法既具有一定的适用性也存在各自的局限性。

---

① 曹吉鑫,田赟.森林碳汇的估算方法及其发展趋势[J].生态环境学报,2009(5):2001-2005.

本书根据研究的实际情况，结合数据的可获得性、研究的可行性，参考并且采用了方精云等（2007）[①] 提出的国家或区域尺度森林生物量的推算大多使用森林资源清查资料。由这个资料来推算森林生物量，首先需要建立生物量与木材蓄积量之间的换算关系，即生物量换算因子（biomass expansion factor，BEF）。研究表明，BEF 值随着林龄、立地、林分密度、林分状况不同而存在差异，而林分蓄积量综合反映了这些因素的变化，因此，可以作为 BEF 的函数，以反映 BEF 的连续变化，即：

$$BEF = a + \frac{b}{x} \tag{6.2}$$

在式（6.2）中，x 为林分蓄积量，a 和 b 为森林类型常数，当蓄积量很大时（成熟林），BEF 趋向恒定值 a；当蓄积量很小时（幼龄林），BEF 很大。这个数学关系符合生物的相关生长（allometry）理论，可几乎适用于所有的森林类型，因而具有普适性，使用该关系式能实现由样地调查向区域推算的尺度转换，简化区域森林生物量及碳储量的计算方程。[②] 这个关系式为利用森林清查资料推算大尺度的森林总生物量及碳储量提供了合理的方法基础。由此，推导出恩施州森林含碳量的总公式如下：

$$C = k \cdot Y = k \cdot A \cdot x \cdot BEF \tag{6.3}$$

在式（6.3）中，C 为森林植被碳储总量，k 是当森林郁密度为 20% 时，其生物量与含碳量之间的比例系数，为恒定值 0.5；Y[③] 为一种林分的生物量。式（6.3）中，中国主要森林类型的平均生物量、平均生物量转换因子以及"换算因子连续函数法"，包括用于计算转换因子的各参数，均参考学者方精云等的研究成果。[④] 恩施州的林分类型及优势树种由州林业局提供，详细资料见表 6.4。根据表 6.3，优势树种的蓄积量都很大，再根据式（6.2）对 BEF 的解释，本书在确定 BEF 的值时，趋向于其等同于 a 的值，由各林分类型决

---

① 方精云,郭兆迪,朴世龙,等.1981～2000 年中国陆地植被碳汇的估算[J].中国科学 D 辑,2007,37(6):804-812.

② 方精云,陈安平,赵淑清,等.中国森林生物量的估算：对 Fang 等 Science 一文 (Science,2001,291:2320-2322)的若干说明[J].植物生态学报,2002(2):243-249.

③ Y 由该林分的面积(A)、蓄积量(x)和所对应的换算因子(BEF)相乘得到,即 $Y = A \times x \times BEF$。

④ FANG J Y. Changes in forest biomass carbon storage in China between 1949 and 1998[J]. Science,2001(6):2320-2322.

定。因此，经过计算得出2015年恩施州森林碳储总量为45984222t。

表6.4　2015年恩施州优势树种面积、蓄积量及生物量换算因子参数

优势树种	面积(hm²)	蓄积量(m³)	a(Mg/m³)	b(Mg)	N[①]	R^2[②]
马尾松	344014.3	19615993	0.51	1.045	12	0.92
针叶混交树种组	155680	8752348	0.814	18.47	10	0.99
阔叶混交树种组	335732.5	16858080	0.626	91.001	19	0.86
杉木	98896.5	4542110	0.399	22.54	56	0.95
柏类	22229.3	942097	0.613	46.145	11	0.96
栎类	97415.5	2868166	1.145	8.547	12	0.98
杨类	2338.5	55885	0.475	30.603	10	0.87
云杉和冷杉	99754	2924051	0.464	47.499	13	0.98
桦类	2552.9	87077	1.069	10.237	9	0.7
铁杉、柳杉、油杉	19733.8	2037504	0.416	41.332	21	0.89
落叶松	36206.2	1770476	0.61	33.806	34	0.82
杂木林	114613.6	4635153	0.756	8.310	11	0.98
合计	1329167.1	65088940				

注：①N——样地个数。

②R^2——决定系数。

3. 农作物碳储量的估算

农业是国民经济的基础，也是所有行业中唯一可以通过采取措施实现减源增汇的产业。农业系统既是碳源又具有碳汇功能。一方面，农作物的呼吸作用增加碳排放；另一方面，农作物通过光合作用吸收并固定碳。农作物大多为一年生植物，固碳周期短、蓄积量大，其对于二氧化碳的吸收被认为是最经济、实惠、安全有效的固碳过程。

农业生态系统的固碳量受农作物的种类、播种面积及气候等因素的影响，其碳循环过程比较复杂。根据农作物的生长特点，简化农田系统固碳过程，对于农作物碳蓄积量，一般建立农田生态系统碳汇的估算模型来计算农作物全生育期对碳的吸收量，主要依据农作物产量数据经济系数和含碳率等。目前学术界公认的农作物碳汇测算公式主要来自张剑等（2009）[1]、谷家川等（2012）[2]、韩雅娇等（2014）[3]，他们都采用了将植被量转化为碳含量的方式进行测算：

$$T_i = \sum_{i=1}^{n} C_i \times (1 - W_i) \times (1 - R_i) = Y_i / H_i \qquad (6.4)$$

$$D_i = T_i / A_i \qquad (6.5)$$

式（6.4）、式（6.5）中，T_i 为 i 类农作物的总碳量（t CO_2e），C_i 为 i 类农作物的含碳量（%），W_i 为 i 类农作物的含水量（%），R_i 为 i 类根冠比（地下生物量与地上生物量之比），Y_i 为 i 类农作物的经济产量（收获产量）（t），H_i 为 i 类农作物的经济系数（经济产量与生物产量的比值）；D_i 为 i 类农作物的碳密度（t/hm^2），A_i 为 i 类农作物的总播种面积（hm^2）。

研究表明，农作物中小麦的固碳能力最强，玉米其次，棉花较弱。这与农作物的光合能力、含碳量及产量有直接关系。

通过对各类农作物根冠比、含碳量、水分系数和经济系数的统计，采用式（6.4）、式（6.5）进行计算，其结果见表 6.5。

表 6.5　2015 年恩施州农作物面积、经济系数、产量、含碳量与碳储量

农作物	面积(10^3 hm^2)	经济系数	产量(t)	含碳量(%)	碳储量(t)
小麦	17827	0.35	50934.286	48.53	62382.202
水稻	389211	0.55	707656.364	41.44	469950.937
玉米	660901	0.5	1321802	47.09	1092625.141
大豆	40306	0.44	91604.545	44.50	78748.68
薯类	193735	0.8	242168.75	44.19	30632.863
棉花	36	0.38	94.737	45.00	99.287
油菜	72661	0.3	242203.333	44.74	321473.255

---

[1]　张剑,汪思龙,王清奎,等.不同森林植被下土壤活性有机碳含量及其季节变化[J].中国生态农业学报,2009(1):41-47.

[2]　谷家川,查良松.皖江城市带农作物碳储量动态变化研究[J].长江流域资源与环境,2012(12):1507-1513.

[3]　韩雅娇,朱新萍,王新军,等.中国新疆与塔吉克斯坦农作物碳蓄积潜力对比分析[J].国土与自然资源研究,2014(1):71-74.

续表6.5

农作物	面积($10^3 hm^2$)	经济系数	产量(t)	含碳量(%)	碳储量(t)
芝麻	542	0.15	3613.333	45.00	9213.999
向日葵	7024	0.3	23413.333	45.00	31608
麻类	17	0.36	47.222	45.00	50.1734
甘蔗	153	0.72	212.5	45.00	66.406
烟叶	76750	0.53	144811.321	45.00	104510.057
蔬菜	2191361	0.6	3652268.333	45.00	273920.125
瓜菜类	23586	0.7	6480830.058	45.00	416624.789
合计	3674110		12961660		2891906

4. 岩溶碳储量的估算

为了应对全球气候与生态环境的变化，中国地质科学院岩溶地质研究所等单位在地质调查项目的资助下，在中国典型岩溶流域开展了岩溶碳汇的调查与研究工作。利用 GIS 技术计算岩溶面积和岩溶碳汇量，该项目取得了大量的科技创新成果。[①]

恩施地区属于云贵高原延伸地段，可定义为岩溶地貌，属于南方岩溶区，该地区的岩溶碳汇也是地下碳汇的重要组成部分。不同岩溶环境的岩溶碳汇差异很大，经过比较，本书采用中国地质科学院蒋忠诚等（2011）[②] 提出的岩溶水化学法，对不同地区的岩溶碳汇进行计算，公式如下：

$$F = \frac{1}{2} \times S \times M \times [HCO_3^-] \times M_{CO_2} / M_{HCO_3^-} \tag{6.6}$$

在式（6.6）中，F 为岩溶作用下形成的大气二氧化碳碳汇（$10^4 t/a$），S 为岩溶区面积（$10^4 km^2$），M 为区域地下水径流模数 $[10^7 L/(km^2 \cdot a)]$，M_{CO_2} 是二氧化碳的摩尔质量（44 g/mol），$M_{HCO_3^-}$ 是 HCO_3^- 的摩尔质量（61 g/mol）。根据蒋忠诚等对中国岩溶类型的分区，恩施州处在南方岩溶区，岩溶水的

①　蒋忠诚,袁道先.中国岩溶碳汇潜力研究[J].地球学报,2012(2):129-134.

②　蒋忠诚,覃小群,曹建华,等.中国岩溶作用产生的大气 CO_2 碳汇的分区计算[J].中国岩溶,2011(4):363-367.

HCO_3^- 含量为 0.231 g/L，岩溶水径流模数为 $4.059×10^8$ L/(km²·a)。经过计算得出 2015 年恩施州岩溶作用形成的大气二氧化碳碳汇为 $4.4355×10^5$ t。

（二）恩施州碳储总量及其总价值的分析

（1）2015 年恩施州土壤碳储量为 240155t。其中，面积较大的黄棕壤碳储量也最大，为 151702t，占总储量的 63.2%；黄壤为 37038t，占总储量的 15.4%。暗棕壤的碳密度最大，为 37t/km²，其次是草甸土。从表 6.3 的数据与计算结果看，土壤不同，其碳密度也不同，不同类型植被覆盖的土壤固碳能力也不同。恩施州土壤类型多样，共有 11 个土类、24 个亚类、88 个土属、236 个土种。土壤碳储总量与其面积、碳密度密切相关，其中，针阔混交林下的暗棕壤固碳能力最强。

（2）2015 年恩施州森林碳储量为 45984222t，从表 6.4 的数据和计算结果看，恩施州森林树木种类多样，这与恩施州地形地貌多样，海拔落差较大，气候多样的特征相一致。在原生植被丰富的基础上，恩施州仍大力植树造林。马尾松环境适应能力强，生长快，经济价值较高而被广泛种植，这不仅有助于水土保持，吸收更多的二氧化碳，还可以帮助贫困林农拓宽增收渠道。恩施州森林覆盖率高，面积大，成就了大量的森林碳汇，这得益于"生态立州"的绿色发展理念。

（3）2015 年恩施州农作物碳储量为 2891906t，从表 6.5 的数据与计算结果看，恩施州蔬菜和玉米的种植面积大，高山蔬菜的种植有助于就地转化农村剩余劳动力，增加就业，带动贫困户增收。蔬菜一年多生，固碳周期短，有利于提升二氧化碳吸收的频率。恩施州玉米种植广泛，固碳能力较强。小麦含碳量最高，其次是玉米。虽然小麦的含碳量最高，但是恩施州多山地，土地"细碎化"，并不适合小麦的广泛种植，种植玉米则可以克服这方面的弱点，而且玉米的碳储量最大，含碳量、经济系数相对较高。因此，仅从提升农作物固碳能力方面看，应鼓励农民种植玉米，提升蔬菜种植的精细化水平。

（4）2015 年恩施州岩溶碳储量为 443550t。岩溶区不同土地利用方式对土壤有机碳碳库及周转时间的影响较大。人工促进岩溶作用固碳增汇的主要途径有：人工选择和培育陆地植物，土壤改良，增加地下岩溶碳汇的发生强度，注重水生植物选择和培育，增强岩溶碳汇的稳定性，综合治理石漠化，增加区域岩溶碳汇通量。

通过测算，2015 年恩施州的地上（森林和农作物）碳储量、地中（土壤）

碳储量和地下（岩溶）碳储量分别为：森林碳储量为45984222t，农作物碳储量为2891906t，土壤碳储量为240155t，岩溶碳储量为443550t，碳储总量为$4956×10^4$t。森林碳汇、农作物碳汇和土壤碳汇总量为$4911.642×10^4$t。

从碳交易实际来看，2017年全国七个碳交易试点地区的碳交易价格波动较大，碳交易成交价中北京碳市场的碳交易价格总体较高，最高达到57.71元/t，重庆碳市场的碳交易价格总体较低，多数时期在10元/t以下，七个试点地区的碳交易成交量相差也较大。2017年湖北省碳排放权交易中心的碳交易成交量最大，成交额最高，交易价格总体稳定，碳交易均价为23元/t。[①] 因此，参考湖北省碳排放交易中心的碳交易价格，本书暂取碳交易价格为23元/t。即：恩施州碳汇价值总量为$4956×10^4×23$元=1139880000元。

本节对恩施州的碳汇类型进行了初步分类，估算其碳储量。其中，以森林碳汇为主，为生态正外部价值的量化提供了参考标准。由于处在国家生态功能区及受历史、国家政策、基础设施等因素的制约，恩施州的经济和社会发展受到一定制约，同时其生态正外部价值（碳汇价值）也难以变现。以林业碳汇为例，生态保护，森林管护，造林与再造林都需要大量的人、财、物投入，但其产生的巨大碳汇正外部效应，有利于水源涵养，生态平衡，减缓气候变化，减少自然灾害，减小自然灾害的影响程度，能够产生较好的生态效益和社会效益。恩施州的生态保护者理应获得相应补偿，使他们更有获得感与成就感，更有保护生态环境的动力。

（三）恩施州户用沼气碳汇效应与碳交易

沼气是有机物质在厌氧下，经过微生物发酵作用而生成的一种混合气体。中国农村沼气池产气量，虽然2015年较2014年下降了1.1亿 m^3，但是2014年和2015年的沼气气量均在150亿 m^3 以上。[②] 户用沼气的碳汇效应表现在：通过建设沼气池改变农村猪粪便及污水管理方式，减少农户猪粪便及污水的

---

① 根据湖北省碳排放交易中心提供的碳交易数据资料：截至2017年12月底，湖北省碳市场配额共成交3.12亿 t,成交总额72.31亿元。除一级市场（配额拍卖）外，湖北省二级市场累计成交3.10亿 t,占全国68.78%；成交额71.91亿元，占全国74.96%。由此可知碳交易的均价为23元/t。

② 张淑英.中国农村统计年鉴:2016[M].北京:中国统计出版社,2016.

甲烷直接排放，同时利用沼气替代农户炊事使用的薪柴与煤，进一步减少二氧化碳的排放。

恩施州因其独特的自然气候条件和农村经济特点，具备发展沼气的自然、社会和经济条件。恩施州是我国第一批推广户用沼气的地区，也是我国第一个成功注册户用沼气清洁发展机制（CDM）项目的地区。[①] 2003 年以来，恩施州围绕"建设生态家园第一州"的目标，利用国家加大沼气建设投入的机遇，开展以沼气池建设为龙头、以"五改三建"（改路、改水、改厨、改厕、改圈；建池、建园、建家）为核心的生态家园建设，被列为全国 10 个节能减排、农业循环经济示范区之一。

土家族历来就有杀年猪、吃"刨汤"和做腊肉的风俗习惯，因此，恩施州农民养猪就比较普遍，这为沼气发酵提供了原料。根据统计，全州常年出栏生猪 320 万头以上，农村户均每年出售 3.5 头。通过沼气建设将人畜排泄物引入沼气池，经过厌氧发酵产生沼气，变废为宝，循环利用。通过"猪—沼—茶""猪—沼—魔芋""猪—沼—果""猪—沼—菜"生态模式示范区建设和体系能力建设，沼气建设的"恩施模式"成为恩施生物质能应用的典范，该模式将农村能源建设与社会经济发展有机结合，实现了良好的经济效益、社会效益与生态效益。

恩施州户用沼气的碳汇效应主要体现在碳减排效益方面。有学者就做了专门的量化研究，徐琬莹等（2013）从甲烷利用直接减排、化石能源替代减排、甲烷泄漏碳排放和甲烷燃烧碳排放四个方面，综合核算恩施州 2000—2010 年农村户用沼气项目的碳减排效益。经过核算，每口沼气池的碳减排量为 1.10～1.29t/a。2000—2010 年全州户用沼气项目处理畜禽粪便的直接碳减排总量为 157.44 万 t，沼气的间接碳减排总量为 361.82 万 t，甲烷燃烧的碳排放量为 13.12 万 t，甲烷泄漏的碳排放量为 89.94 万 t，碳减排总的净效益为 416.20 万 t。按照每口沼气池的薪柴节约量计算，相当于保护了 525.06 万 km^2 的森林。[②] 户用沼气碳减排有助于改善农村卫生环境、调整农村能源结构、减少粪便带来的面源污染。同时，户用沼气碳汇也带来了碳交易，恩施是中国

---

① 项目涵盖恩施州 8 县(市)的 3.3 万农户。根据核证减排量购买协议，该项目每年可获得减排收入约 82 万美元。减排收入的 60% 将直接发放给项目农户，18% 用于技术服务，22% 用于监测和项目管理。

② 徐琬莹,周传斌,陈永根,等.农村户用沼气项目的碳减排效益核算:以湖北省恩施州为例[J].生态与农村环境学报,2013（4）：449-453.

"沼气碳"的第一个卖家。

　　恩施州户用沼气碳基金减排项目 2006 年开始申报，2009 年正式获得联合国清洁发展机制执行理事会的批准，是世界上第一个在联合国成功注册并顺利实现交易收入的户用沼气减排项目。该项目涉及全州六县二市 81 个乡镇，625 个村，3.3 万个项目农户，3.3 万户沼气用户户均减排 1.8t CO_2e/a（最小 $8m^3$ 的沼气池减排 1.42t CO_2e/a，最大 $15m^3$ 的沼气池减排 2.01t CO_2e/a），户均获得 150 元左右的减排收入，进一步提高了农户使用、管理沼气的积极性，初步构建了恩施州沼气利用生态补偿机制。

　　2008 年 4 月 25 日，由湖北清江种业有限责任公司（项目实体）和世界银行碳基金项目部正式签署减排量购买协议（资金来源于世界银行社区发展碳基金），项目协议购买量为 337192t CO_2e，购买期自 2009 年 2 月 19 日至 2014 年 12 月 31 日止（表 6.6）。前六期碳交易减排量 327247t CO_2e，交易总额达到 2700.16 万元（扣除相关手续费后），发给农户的资金约 1798.52 万元。

表 6.6　恩施州户用沼气碳基金项目减排及交易情况①

期数	减排期	签发减排量(t CO_2e)	交易减排量(t CO_2e)	交易金额（万美元）	（万元）
第 1 期	2009/02/19—2009/08/31	31874	31237	32.7	210.0
第 2 期	2009/09/01—2010/12/31	74465	72976	101.4	622.9
第 3 期	2011/01/01—2011/12/31	55739	54624	75.5	459.0
第 4 期	2012/01/01—2012/12/31	55106	54004	64.65	398.8
第 5 期	2013/01/01—2013/12/31	58946	57767	79.8449	517.86
第 6 期	2014/01/01—2014/12/31	57795	56639	79.3	491.6
合计		333925	327247	433.3949	2700.16

　　在户用沼气 CDM 项目以及实施碳交易后，农户在使用沼气的同时获得了碳交易的收入，有利于提高农户建好、管好、用好沼气池的积极性和主动性，完善沼气产业发展链条，初步构建恩施州沼气利用碳交易生态补偿机制。但

---

① 资料来源：恩施州生态能源局。笔者于 2017 年 11 月在恩施州生态能源局调研，资料由该局工作人员提供。

是根据调研，在项目实施中，存在着项目管理困难、成本高、沼气使用率下降等问题。

以恩施市为例，该市 16 个乡镇、48 个村共有 4330 个农户使用沼气。使用沼气减少碳排放总计 28532t，碳交易得到 399458 美元，按照村民使用沼气的情况进行相应补贴。通过发展沼气 CDM 项目，农户不仅节省了购买薪柴的费用，还得到了碳交易资金。户用沼气是清洁发展机制下的直接碳减排方式，通过碳减排获得温室气体减排量，经过核证，理应获得相应的补偿。

依据恩施州生态能源局的资料，截至 2014 年底[①]，全州户用沼气池存量达到 56.2 万户，建设小型沼气工程 625 处。沼气池总量占全州总农户的 60%，占全州适宜建池户的 80%，位居全国市州一级前列，居武陵山区第一位。根据测算，仅 56.2 万户沼气池，每年可以节约标准煤 45 万 t，减少耗电 1.1 亿 kW·h，减少森林砍伐 220 万亩，减排二氧化碳 100 万 t，为农民增收节支 8 亿元以上。截至 2015 年 5 月底，全州清洁能源产业链总价值 31.91 亿元，现有清洁能源发电装机可节约标准煤 363 万 t，减排二氧化碳 904 万 t，户用沼气和清洁能源的经济效益、社会效益、生态效益显著。此外，还有一批节能新能源项目建成投产，包括生物质收集固化成型项目、地源热项目以及垃圾可燃物综合利用焚烧发电项目。恩施州符合清洁发展机制减排条件的项目多，而且在风能发电、生物质能源等方面具有很大的 CDM 项目市场潜力，具有吸引国际资金和技术进入减排项目的良好基础。

根据中国自愿减排交易信息平台备案信息，2016 年恩施州农村户用沼气利用项目预计减排总量为 462454t CO_2e，[②] 具体见图 6.1。

在户用沼气建设与发展中取得一定成绩的基础上，恩施州拟建设 70 万口沼气池。从总体上看，CDM 项目中户用沼气项目的发展，在碳减排与碳交易中实现了良好经济效益、社会效益与生态效益的统一。[③] 具体体现如下：

---

① 根据调研,恩施州根据农村发展的实际情况,沼气使用的效率情况,从 2015 年开始停止户用沼气项目的审批,发展的重点转向小型沼气工程。

② 资料来源:2016 年已在中国自愿减排交易信息平台备案的恩施州农村户用沼气利用项目。

③ 资料来源:恩施州发展改革委员会能源办公室。笔者于 2017 年 11 月在恩施州发展改革委调研,资料由该单位工作人员提供。在沼气行业内部有一种生动的比喻,即建一口小型沼气池,不仅相当于建了一家小型天然气厂,还相当于建了一个小型污水处理厂、一个垃圾处理厂、一个有机肥料厂、一个小型林场,被群众称为"钱串子""聚宝盆",是一项投资小、作用大、利国利民的事业。

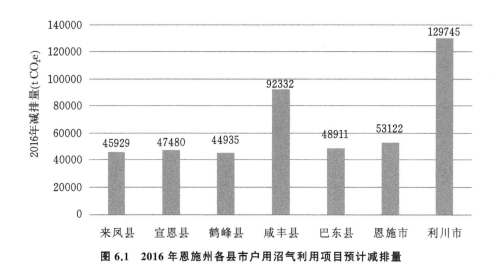

图 6.1　2016 年恩施州各县市户用沼气利用项目预计减排量

1. 经济效益

（1）减少农户燃料开支。① 建设 70 万口沼气池，每年可以解决 70 万农户的日常炊事用能，按照每口沼气池年均产气 300m³ 计算，每年可为每个农户减少 320 元的燃料费支出。另外，沼气还可以用于发电、蔬菜大棚增温、保鲜水果、储存粮食等，提高农业生产效率，提高农产品的品质。

（2）带动养殖业发展。要实现沼气的常年使用就必须有足够的发酵原料（首选猪的排泄物），这需要农户扩大养殖规模。按户均每年增养 1 头生猪计算，每个农户生猪出售可以增收 300 元（正常年份的市场价格）。

（3）减少生产资料支出。建设以沼气为纽带的高效生态农业，广泛开展"三沼"综合利用技术，减少化肥和农药的施用量，降低生产成本，这些不仅有利于绿色农产品的生产，还可以为农户增收约 300 元。

2. 社会效益

（1）解放农村劳动力。发展农村沼气，可以减少农民砍柴、运煤的工作，减轻劳动强度，一定程度上解放农村劳动力，使农民摆脱传统的生产、生活方式，有利于农民可行能力与生活质量的提升。

---

① 根据调研资料，一个正常发酵的沼气池每天可以产生沼气 1.2～1.5m³，基本可以解决一个 4 口或 5 口之家农户的生活燃料问题。

（2）改善农民生活环境。沼气池的配套建设为"一池三改"，能有效处理人畜粪便，减少污水、臭味、蚊蝇等，使农民的厨房、厕所布局更加合理，厨房变得宽敞整洁，有利于改善室内外环境，提高农民的生活质量和健康水平。

（3）扩大就业。若按照每个施工技术员每年建 50 口沼气池计算，项目实施期间，每年完成 10 万口沼气池的建设，将解决 2000 个农民的就业问题。项目完成后，要确保沼气池常年正常使用，必须配备沼气池技术维护人员，按人均管理 300 口计算，每年需配备 333 人左右，这可为城乡居民的就业开辟新渠道。

（4）扩大内需。建设 70 万口（户）沼气池，需消耗水泥 175 万 t、石料 420 万 t，需沼气输配系统装置 70 万套，可扩大内需，带动相关产业发展。

3. 生态效益

（1）保护森林资源。据测算，一口 8～10m³ 的沼气池可有效保护三亩左右的中幼林和五亩左右的薪炭林资源免遭砍伐，建设 70 万口沼气池，相当于保护恩施州 210 万～350 万亩森林资源，保持水土。同时可以减少大量薪柴与煤炭的使用，减少对空气与水资源的污染。

（2）促进农业种植业和养殖业的良性循环。建设以沼气为纽带的生态农业，开展"三沼"综合利用，将沼液用作叶面肥，将沼渣用作肥料，对 47 种农作物病虫害有等同于农药的防治效果，可以减少农药和化肥的施用量，保护农业生态环境，提高农产品的产量与品质，实现农业生态的良性循环。

（3）沼气替代薪柴和煤可以减少对薪柴的砍伐，减少温室气体和烟尘的排放。

四、恩施州绿碳贫困的特征与原因分析

（一）恩施州绿碳贫困的主要特征

1. 恩施州所处的武陵山片区生态环境脆弱，环境承载能力有限，经济发展与生态保护矛盾突出，产业结构调整受到生态环境保护的限制。

在"生态立州"发展理念的指导下，在地方财政收入有限的情况下，恩施州投入了大量的人力、财力、物力进行生态建设，但是基于重要的生态地位，不适合大规模、高强度的工业化和城镇化建设，农业基础又十分薄弱，地区经济社会发展权利受到一定的限制，经济社会发展的总体程度不高，贫困群众可行能力不足，减贫难度大。

武陵山区整体为限制开发区域，既是生物多样性及水土保持生态功能区，又是中国南方红壤丘陵山地生态脆弱区。国家禁止砍伐生态林，一定程度上会影响到私人和地方政府的收益。按照《全国主体功能区规划》，恩施州是国家重点生态功能区，有天然林保护区、生态公益林区和七个自然保护区。2015 年年末，恩施州森林面积达 1471985hm²，自然保护区面积达173044hm²，限制开发区域面积大。限制开发区和禁止开发区的严格管制措施，有利于建设良好的生态环境，将会给其他地区（长江中下游地区）的生产和生活带来生态福利。虽然恩施州在《湖北省主体功能区规划》中属于省级层面的重点开发区，但是受区域整体生态环境保护限制，地区资源开发与发展被限制，国家没有在此布局大的产业基地和加工制造业项目。区域经济发展缺乏国家重大产业项目的拉动，自我发展的内生动力又不足，区域整体持续性贫困，跨越式发展难。

2. 生态良好、资源富集是恩施州的最大潜力，但是发展滞后。

恩施州良好的生态环境是长江中下游的重要生态安全屏障，在保持水土、涵养水源和保护生物多样性等方面发挥着重要作用。在投入大量的人力、财力、物力进行天然林保护、自然保护区建设、造林与再造林等生态保护、环境治理工程时，生态外部价值显著。然而，地区发展的政策支持还不够，投入开发的力度还不够，生态建设的压力较大，任务较重。例如，天保工程与造林工程实施以来，林地面积逐年增加，2016 年有天然林 1180943.7hm²，蓄积量 56486404m³；人工林 148223.4hm²，蓄积量 8602538m³。由此可以看出，天然林的面积与蓄积量远大于人工林的，天然林的管护面积大、难度也大。而国家批复的实施方案中，森林管护面积是规划时的面积，没有考虑新造人工林的管护，人工林需要更多的培育，造成新造林地管护不到位；人均管护面积大，恩施州林区交通不便，林地与农地交错分布，林区与居民点呈块状分布，管理难度大，存在管理不到位的问题；天然林保护与管理的长效机制尚未形成，还没有建立符合生态建设和市场经济要求的管理体制，天然林大部分属于集体林，林权所有者因禁止采伐而遭受的损失得不到应有的补偿。

2016 年全州实现生产总值 735.7 亿元，只占湖北省同期的 2.278%。全州人均生产总值为 22050 元，比全国的少 31930 元，比全省的少 32831 元。城镇化率仅为 41.88%，比全省的低 16.22 个百分点。①② 2016 年恩施州全年地方财政总收入 142.62 亿元（只有湖北省同期的 2.87%）。全年农村常住居民人均可支配收入 8728 元（同期湖北省的为 12725 元），恩格尔系数为 39.9%。城镇常住居民人均可支配收入 24410 元（同期湖北省的为 29386 元），恩格尔系数为 33.1%。③④ 从以上的资料数据对比中可以看出，恩施州经济社会发展中主要指标的总量占湖北省的比重小，人均水平与湖北省的人均水平还有较大差距。一系列政策制度的限制、发展机会的缺失是差距形成的重要原因之一。

3. 从投资方面看绿碳贫困，固定资产投资总量较小，基础设施建设滞后。

投资是拉动经济增长的"三驾马车"之一，但恩施州由于处在生态功能区，投资受到一定的制约。从表 6.1 中 2016 年恩施州与荆州市、孝感市的经济社会发展主要指标数据对比看，在固定资产投资方面，恩施州 719.4 亿元，荆州市 2001.67 亿元，孝感市 1899.43 亿元，恩施州的固定资产投资均不及另外两地的二分之一，差距很大。在具体的事例中，截至 2017 年年底，恩施州鹤峰县仍然是交通"五无"县——无铁路、无高速、无国道、无港口、无机场，交通基础设施落后成为制约地方经济发展的最大瓶颈。基础设施供应不足是民族地区普遍存在的劣势之一，基础设施的落后导致地区比较优势难以发挥。⑤ 道路作为交通的重要基础设施，通达性差则交易费用就高，贫困人口与外界的交易机会少，市场范围与市场分工受到限制，他们的可行能力因此受到影响。

① 湖北省统计局.2016 年湖北省国民经济和社会发展统计公报[R/OL].(2017-03-15)[2017-09-28].http://www.tjcn.org/tjgb/17hb/34855.html.

② 恩施州统计局.2016 年恩施州国民经济和社会发展统计公报[R/OL].(2017-05-12)[2017-09-21].http://www.tjcn.org/tjgb/17hb/35196.html.

③ 同①.

④ 同②.

⑤ 郑长德.中国西部民族地区贫困问题研究[J].人口与经济,2003(1):7-11.

4. 从农业生产方面看绿碳贫困，生态良好的民族地区脱贫攻坚的基础在农业，关键在农业，希望也在农业。

2015 年，恩施州的耕地总资源 31.354 万 hm²。恩施州的农业生产在农村经济中占有重要地位，特别是土家族的农耕、畜牧养殖文化浓厚。然而，传统的农耕方式生产效率不高，农作物品种单一、产量低，耕作中容易出现土壤退化、土质下降、水土流失、土壤固碳能力下降等问题。传统的农耕方式效益低，农业生产具有盲目性，市场价格波动大，农民脱贫难。

表 6.7　2015 年恩施州农业生产情况

农作物	种植面积(万 hm²)	总产量(t)	农作物	种植面积(万 hm²)	总产量(t)
稻谷	6.284	385846	玉米	13.333	692661
高粱	0.028	1189	大豆	2.394	41706
杂豆	0.382	6071	薯类	6.713	208099
油料作物	6.613	104995	棉花	0.001	13
生麻	0.002	17	糖料	0.001	130
烟叶	3.098	53263	中药材	7.633	—
蔬菜及食用菌	13.028	2350600	瓜果	0.21	34570

数据来源：《2016 年恩施州统计年鉴》。

从表 6.7 可以看出，虽然恩施州的农产品种类丰富、特点鲜明，但是目前其农业生产仍以粮食（稻谷、玉米和薯类）的种植为主，其他农作物种植面积小，产量低，产业化程度不高，难以形成规模，其应对市场风险的能力较弱。农业增效难、农民增收难、农村发展难，可以看作绿碳贫困重要特征。

2015 年恩施州有 84.69 万农村劳动力外出从业。外出务工的人数多，比例高。根据调研，首先，恩施州大多数贫困人口的就业局限在传统农牧业生产领域，而且受传统种植养殖业思想的影响比较大，缺乏创新意识。其次，农产品经常受市场价格波动、自然灾害和交通等因素的影响。他们的收入结构单一且水平低。再次，一些贫困家庭中若有成年劳动力利用农业生产的闲暇时间去县城或者外地打零工，获得一定的务工收入，其家庭收入将会高于纯粹的农业生产家庭的。这就是可行能力利用充分与不充分的差别，当然可行能力的发挥受多重因素的影响。

5. 由于处在生态功能区以及受国家发展政策的影响，恩施州碳汇资源富集，丰富的碳储资源开发与利用不够充分，农民获取收益的渠道不多，收入不高。

以恩施州宣恩县林业方面的生态补偿为例。宣恩县 2011—2016 年，全县累计兑现生态公益林补偿面积 880 多万亩，兑现资金 5000 多万元。2016 年，兑现第一轮退耕还林 8.6 万亩，兑现资金 1000 多万元；兑现新一轮退耕还林 2.9 万亩，兑现资金 1400 多万元。2017 年在建档立卡贫困人口中，按照人均年工资 4000 元，就地聘请 640 名生态护林员，助力贫困户脱贫增收。[①]

本书以村为单元观察农民在林业生态补偿中获得的收益。根据调研资料，宣恩县晓关侗族乡铜锣坪村有 183 户农民，2014 年国家级生态公益林总计 8488 亩，补偿标准为 12.75 元/亩，共获得补偿款 108222 元，户均 591 元，均已通过一卡通存折发放给农民。退耕还林总计 5634.4 亩，补偿标准为 125 元/亩，补偿款总计 704300 元。显然，这些补偿收益与该村森林所产生的生态综合效益、农民本应获得的发展权益还存在差距。宣恩县获得的林业生态补偿资金、退耕还林资金，相较于恩施州约 11 亿元的碳储量总价值较少。虽然农民在林业生态补偿、政府帮扶方面获得了一定的收益，但是相较于林业的综合效益，农民通过碳交易而获得的收益仍较少。

（二）恩施州绿碳贫困的主要原因分析

本书认为恩施州绿碳贫困的主要原因有如下四点：

第一，绿碳贫困中生态建设的森林生态补偿体系还不够完善。

制度创新是全面深化改革的重要内容，先进的制度有利于资源的优化配置。反之，僵化落后的制度则不利于资源的优化配置。

虽然目前的生态补偿为恩施州森林管护提供了一定的物质基础，丰富了森林资源，有助于森林生态正效益的实现和农民收入的增加，但是森林生态效益补偿体系依然不完善。主要表现在：一是责任主体不明确。目前的生态补偿完全由政府负责，没有体现"谁受益，谁补偿"的原则，利益相关者之

---

① 资料来源：宣恩县林业局。笔者于 2017 年 11 月在宣恩县林业局调研，资料由该局工作人员提供。

间的补偿机制没有建立。二是森林生态效益补偿的法律法规不健全。各利益相关者的权利、义务缺乏明确的界定。三是对生态保护和补偿的规定、措施不到位。四是退耕还林、天然林保护工程等生态补偿政策，虽然有力地促进了生态建设，但是还面临着补偿年限短、标准低、绩效考核机制缺乏、地方政府财政压力增加等困难和问题，生态补偿政策的延续性不强，缺乏长效机制。五是管理机构不健全。在林业系统还没有专门的管理机构和人员编制。生态补偿体系的不完备将会导致好政策在落实方面大打折扣，农民为生态建设做出贡献时，其权益和权利得不到应有的维护，对农民的生产生活产生一定的影响。

第二，绿碳贫困中森林管护任务重、投入多，但是生态补偿标准低、收益小。

社会资源的有限性决定了资源分配的覆盖面与额度。在对绿碳贫困的原因探讨中，森林生态建设的投入与收益最具有代表性。林业是一项重要的基础产业，具有巨大的生态功能、经济功能、固碳功能和美化功能，是具有多重正外部效益的特殊公益事业。

截至 2015 年，恩施州有林地面积 1255055.7hm²，森林蓄积量 63191010.17m³。其中有 854 万亩国家公益林、154 万亩省级公益林、291 万亩县级公益林，共 1299 万亩。在补偿标准方面，国家公益林每亩每年 15 元，省级每亩每年 10 元，县级每亩每年 3 元。[①] 林业建设在生态文明建设中具有至关重要的作用，森林资源作为重要的生态资源，森林生态补偿标准对生态公益林保护意义重大。然而，现实中森林生态正外部价值没有充分体现，存在地方财政力量有限，林业生态效益补偿标准偏低，与经营商品林的实际可预期收益或者林地租金收入相差较大，森林生态建设中林农的投入与收益不对等等问题，因此，破解绿碳贫困问题还面临很多困境。

首先虽然国家财政投入力度已经很大，但生态林每亩每年 15 元的补偿标准还不足以补偿农民为生态建设所减少的收入。据有关部门测算，每亩商品林年收入在 150～200 元。其次，建设一亩生态公益林，地方财政减收 30～40 元。恩施州恰恰又处在武陵山集中连片特困区，区域性整体贫困，地方财政困难，需要国家加大转移支付力度，扶持地方发展。再次，森林的碳汇价值

---

① 资料来源：恩施州林业局。笔者于 2017 年 11 月在恩施州林业局调研，资料由该局工作人员提供。

并没有计入生态补偿。由前文的计算可知,恩施州的森林碳储量接近5000万 t,总价值超过 11 亿元,林业的生态正外部价值显著,林农为生态建设做出重要贡献,但是他们得到的补偿还不能弥补其经济损失,国家、省财政投入资金不能满足实际需要,森林生态补偿资金还存在较大缺口。最后,林业碳汇交易作为一项新的市场交易制度,可以通过市场化途径为林业生态补偿筹集资金,拓展资金来源渠道,一定程度上弥补政府生态补偿标准低的不足,但是恩施州地处西部山区,在林业碳汇交易方面的经验还不足,实际应用中还存在很多困难。

第三,绿碳贫困中面临着保护青山绿水与脱贫致富的"两难"抉择。

习近平总书记指出:"我们既要绿水青山,也要金山银山。宁要绿水青山,不要金山银山,而且绿水青山就是金山银山。"这是一种高瞻远瞩的具有辩证性的哲学思维。在社会经济发展实践中,绿水青山就是金山银山,并不是要保持原生态不开发,而是要结合生态资源特点,合理开发利用,让当地居民获得就业机会,增加收入。

恩施州是长江上游的重要水源涵养地,清江是恩施州的母亲河,也是长江上游的重要支流。在流域生态补偿中,上游恩施州的生态公益林保护、河流水环境保护为下游社会、经济发展做出了贡献,但是没有得到充分的补偿。根据恩施州林业局提供的资料,长期以来恩施州为保护长江中下游生态环境做出了重要贡献,为了生态建设,限制了部分林产品加工项目的引进,地方财政减收。初步估算,每年地方财政减收在 5000 万元以上,实施天然林保护工程 9 年,财政转移支付才 8000 万元。国家移民搬迁和生态补偿标准偏低,加之相关配套工作没有及时跟进,搬迁农民生活困难,导致一些已搬迁农民重返坡地耕种。[①] 武陵山片区既是中国重要的生态功能区,又是集中连片特困地区,是一个典型的"老、少、边、山、穷"地区,而恩施州又是该区域的核心地带。发展经济、改善民生是十分迫切的任务,而发展经济又依赖于地区的资源要素,所以发展经济与保护环境势必存在矛盾。

恩施州在保护青山绿水与脱贫致富方面面临"两难"抉择。在主体功能区的构架下,恩施州更多的是承担生态保护功能,与生态保护功能相矛盾的经济活动受到限制。经济建设的资源要素投入不足,有限的发展资源要素转

---

① 段超,李亚.全面推进武陵山片区生态文明建设研究[J].中南民族大学学报(人文社会科学版),2016(3):9-14.

入生态建设，生态环境保护的制度一定程度上制约了恩施州自我发展权的实现。

第四，绿碳贫困中地区发展权受限，农民可行能力不足，可持续生计难。

根据调研，恩施州农民的主要收入来源有：传统种植业、养殖业（副业）、外出务工和国家的一些政策补贴。由于生态建设与管护的需要，在退耕还林、造林与再造林中，耕地作为农民最重要的生产资料，不可避免地被占用。例如，2015 年开始实行新一轮退耕还林工程以来，恩施州利川市共实施新一轮退耕还林 13.5 万亩，工程覆盖了该市 13 个乡镇、274 个村，累计完成建设投资 1.275 亿元。退耕还林中还会出现生态移民，在这个过程中农民生活空间与生产空间发生分离，移民新居一般缺乏从事传统生产生活的空间，农民的耕种、养殖活动会受到限制，传统种植业收入、养殖业收入下降。中老年劳动力由于年龄、体力、知识、技能、可行能力的不足等多方面原因，外出务工的动力、能力不足，外出务工的收入有限。

总体上，由于生态建设的周期长、范围广和投入大，在生态建设与管理中，虽然能够产生良好的生态环境正外部效益，但是生态建设的项目落实难，生态价值的兑现难，生态补偿政策缺乏连续性，生态补偿机制固化。这样，农民的收入受到直接影响，再加上中老年农民受多重因素叠加的影响，可行能力不足，获得收入的能力有限，因而出现可持续生计难的绿碳贫困问题。

五、恩施州绿碳贫困中的绿色发展困境与应对策略

（一）恩施州绿碳贫困的绿色发展困境

自然生态是有价值的，保护自然就是使自然价值和自然资本增值的过程，就是保护和发展生产力，就应得到合理的回报和经济补偿。老百姓若不能从绿色资源的保护中获得红利，绿色发展就会成为空中楼阁。要想让绿色永存，唯有以"发展"破题。其实，生态保护与经济发展从来不是非此即彼的命题，但如何让"绿色"与"发展"相得益彰，如何做到地方生态环境的原生态而不原始，这需要地方政府以极大的智慧去面对绿碳贫困问题。

1. 绿色发展困境之一：恩施州绿碳贫困中的地区发展不够、发展不快、投资力度不够

主要表现在全社会固定资产投资额总量低、增长慢。由于处在生态功能区，出于生态保护的需要，经济社会发展、地区开发投资受到限制，社会主要投资方面的数据在一定程度上可以说明问题（表6.8）。

表 6.8 2015 年贵州省与六盘水市、湖北省与恩施州的主要投资情况

（单位：亿元）

地市	投资类型					
	全社会固定资产投资	国有单位固定资产投资	基本建设投资	技术改造投资	房地产开发投资	节能环保投资
贵州省	10945.54	5423.18	4137.35	—	2205.09	161.16
湖北省	29191.06	6983.99	18842.05	4245.94	4249.23	145.84
六盘水市	1682.37	868.29	690	81.94	76.85	8.96
恩施州	726.1	319.55	523.94	30.36	100.99	—

数据来源：2016 年《贵州省统计年鉴》《湖北省统计年鉴》《六盘水统计年鉴》《恩施州统计年鉴》。

在 2016 年的投资数据中，恩施州固定资产投资为 719.4 亿元，较 2015 年的 726.1 亿元下降了近 7 亿元，只占全省固定资产投资的 2.438%，人均固定资产投资仅相当于全省的 1/3。2015 年，恩施州的技术改造投资额为 30.36 亿元，在湖北省地级市中的投资最少。

如表 6.8 所示，湖北省的全社会固定资产投资大约为贵州省的三倍。然而，恩施州全社会固定资产投资还不及六盘水市的 1/2，其中的重要表现在于国有单位固定资产投资差距大。恩施州基本建设的投资也落后于六盘水市，说明基础设施投资力度不及六盘水市；技术改造的投资也比较少，从侧面说明在社会生产中开发投资的力度不够，技术创新的应用还不够多。

2. 绿色发展困境之二：恩施州绿碳贫困中的地区产业规模不大、产值不高、产业基础薄弱

由表 6.8 可知，恩施州主要类型的投资额度较小，在湖北省的占比较低，远不及煤炭资源型城市六盘水市的投资。在投资不足的情况下，地区产业发展领域则表现出产业规模不大，产值不高。恩施州地区产业基础薄弱，仍以传统农业产业为主，产业发展的层次不高。农业产业容易受到自然灾害的影

响，其防灾减灾的能力还不强，从而导致农民的收入不稳定，农民依托农业生产实现可持续生计还比较困难（本书中有关恩施州外出务工的资料与数据说明，外出务工的人数多、比重大，可以从侧面印证这一问题）。

在地区主要产业发展方面。[1] 2015 年，恩施州完成现代烟草产业链产值 60.6 亿元，茶叶产业链综合产值 96.2 亿元，畜牧产业链综合产值 123.1 亿元，生态文化旅游产业链综合收入 249.7 亿元，清洁能源产业链综合产值 65.2 亿元，信息产业链综合产值 37.67 亿元。恩施州产业发展总体上产业链的产值不高，规模不大，产业发展需进一步做大做强，提档升级。产业规模不大，市场竞争力则不强，从而导致地区发展的内生动力不足。

3. 绿色发展困境之三：生态建设的投入大、任务重、投入与收益不对等，碳汇价值大，但是兑现难

恩施州一直以"生态立州"为基本发展战略，但同时存在着生态建设任务重和人民生活贫困两个主要问题。在投入大量人力、财力、物力进行生态建设、天然林保护、造林与再造林的同时，出于生态环境保护的考虑，地方开发投资受到限制。例如，限制了一些"三高"投资项目的引进。由表 6.8 可知，恩施州经济发展中固定资产投资、基本建设投资、技术改造投资、房地产开发投资等投资额不高、投资力度不够，是地方发展落后的主要原因之一。

恩施州经济发展水平低，又受到国家分配政策的影响，地方财政力量薄弱，但是仍然担负着生态建设的重任。以森林生态建设为例，2015 年，全州荒山、荒沙造林面积 40948hm²，有林地造林 11492hm²，低产低效林改造 600hm²，年末实有封山（沙）育林面积 334894hm²，未成林抚育作业面积 123780hm²，成林抚育面积 11315hm²，造林与森林抚育的面积大、任务重、投入大。天然林保护工作量大，护林员工作艰苦，收入低，造林成本高，资金来源渠道少，数量不足。2016 年，全州完成造林面积 5.4 万 hm²，其中人工造林面积 3.49 万 hm²，占全部造林面积的 64.6%。2016 年年末，全州有自然保护区 7 个，保护区面积 17.3 万 hm²。[2]

恩施州不仅投入大量的人力、财力、物力保护生态环境，还失去了一些发展的机会，才成就了今天良好的生态环境。良好的生态环境不仅保持水土，

---

[1] 资料来源：恩施州统计局。作者于 2017 年 11 月在恩施州统计局调研，资料由该局工作人员提供。

[2] 资料来源：《2016 年恩施州统计年鉴》《2016 年恩施州国民经济和社会发展统计公报》。

维护生态平衡，还吸收了大量以二氧化碳为代表的温室气体，其内部蕴藏者巨大的碳汇潜力，但是这种潜力并没有转化为脱贫的动力，表现为碳汇资源富足的绿碳贫困。

恩施州选择了绿色发展道路，面对巨大的碳汇潜力，由于区域功能定位、政策与制度不健全等原因，碳交易的实现还比较困难。此外，人们利用碳汇的权利缺乏，能力不足，碳汇潜力难以挖掘。这些也是该地区绿碳贫困的重要原因。恩施州除了恩施市为限制开发区，其他的七县（市）均为禁止开发区。但禁止开发不等于禁止发展，而是要处理好保护与发展的关系，实现绿水青山与金山银山的等值化。

（二）恩施州绿碳贫困问题的应对策略

碳贫困视角下生态环境良好、碳汇资源富集的民族地区如何缓解绿碳贫困？如何将碳汇潜力变成碳资产与发展的动力？如何将碳汇潜力变成绿色发展的好政策？如何在绿色发展中拓展贫困人口的自我发展权利与能力，同步建成小康社会？这些问题都将是在恩施州绿碳贫困中应解决的。

恩施州参与碳交易获取资金，支持企业减排不一定是增加成本，管理得当也可以增收。从长远发展看，减排给企业带来更好的声誉和竞争力。恩施州增加投入工人保护生态环境，这是着眼长远的绿色可持续发展重要战略决策，在生态保护与建设中产生良好的生态正外部效益，形成的碳汇理应得到相应补偿。通过碳市场交易生态保护中的碳汇，发挥市场在碳资源配置中的决定性作用，拓展生态补偿途径，以市场化的途径为恩施州带来更多经济社会发展所需的资源要素，为绿色减贫注入新活力。

毫无疑问，随着环境问题日益严重，生态保护压力逐渐增大。以政府为主导的生态补偿模式，既难以保质保量地保护好生态环境，又很难调动群众的环保积极性，未来应发挥市场在生态补偿和摆脱碳贫困中的主导作用。

第一，探索绿碳贫困背景下基于碳市场的生态补偿新机制。

生态补偿的市场化途径就是在产权明晰情况下，依托市场交易补偿生态保护的成本。党的十八届三中全会指出："建设生态文明，必须建立系统完整的生态文明制度体系，实行最严格的源头保护制度、损害赔偿制度、责任追究制度，完善环境治理和生态修复制度，用制度保护生态环境。"相较于传统的以政府为主导的生态补偿形式，碳交易制度可以成为市场化生态补偿机制的重要实现形式。

绿碳贫困背景下的恩施州既不能走先开发后治理的老路，也不能走守着绿水青山苦熬的穷路。这就要进一步完善生态补偿机制。2017年，全国统一碳排放权交易市场的建立已在发电行业取得突破性进展。恩施州碳储量大，但是目前还没有碳交易平台，碳交易制度没有建立，只有户用沼气CDM项目、小规模林业碳汇交易，在推动碳交易、缓解绿碳贫困方面缺少政策与制度保障，缺乏实务操作经验。因此，在政府扶持下，应设立专门机构进行碳交易管理，熟悉碳交易的规章制度，进行碳储量调查，摸清碳汇底数。以碳交易项目建设为基础，先试点后推广，积极融入碳交易市场。大力推动现有碳汇项目的上市交易，做好中长期碳交易的筹划工作。借助碳交易市场平台拓展生态补偿形式，引入生态补偿的市场化机制，建立生态补偿长效机制，为生态环境保护争取更多的资金、技术支持，让碳汇资源丰富情况下的绿碳贫困不再发生。

第二，依托碳交易CDM项目，创造就业岗位，让农民就地获得非农就业收入。

现在，绿色就业正在成为发展农村经济、提高农民收入的一个重要方式，而CDM项目能为绿色就业提供广阔的空间。UNEP（联合国环境规划署）预测：到2030年，风能行业和太阳能行业分别将有210万和630万个就业岗位，与生物能源相关的农业或工业企业中有1200万个就业岗位。依托资源走绿色发展的道路是恩施州的根本出路。恩施州不仅有丰富的绿色资源，还有发展清洁能源项目得天独厚的条件。恩施州属中亚热带山地季风气候地区，降水量充沛，丰沛的地表径流同众多具有较大落差的深谷型河流相结合，构成了丰富的水能资源（全州水能资源理论蕴藏量达509.31万kW，可开发蕴藏量达349.1万kW，可开发装机近500万kW，在湖北省，其水能资源仅次于宜昌市）。清洁能源项目的发展给农民带来非农就业机会，增加了绿色非农收入。然而，非农就业需要农民具备一定的劳动技能，这就需要充分发挥政府与市场的双重作用。一方面，地方政府制定相关政策，采取激励措施鼓励农民非农就业，开展职业技能培训以提升他们的劳动技能水平；另一方面，发挥市场在资源配置中的决定性作用，通过碳交易引导更多的资金、先进的管理理念与信息技术流入，促进CDM项目建设，为农民提供更多接触新理念、新技能的机会，提升他们的非农就业的能力。

第三，既要借助外力，又要提升内力，有针对性地创新绿色减贫道路。

绿色减贫的本质是以生态保护为出发点进行减贫。恩施州要改造传统农业，大力发展设施农业，推广种植高山蔬菜，通过种植养殖业技能培训提升农民的种植养殖技能水平，带动农民就业与增收；开展森林可持续经营，合理规划与再造林，提高森林质量，更加注重维持森林生物多样性，特别要加强天然林的管护与经营；深化林权制度改革，变林农为护林员；优化农作物种植品种，在增加碳汇方面，选用优质玉米品种，鼓励农民种植玉米，提高农作物秸秆还田率以增加土壤肥力，增加粮食产量和收益；争取更多的市场主体参与恩施州小流域生态综合治理，保持水土，改善流域生态环境；推广与使用以风电、光伏发电、农村户用沼气转向小型沼气工程为代表的清洁能源，实现节能减排，改善农民生活环境。

恩施州既要保护好生态环境，又要发展地方经济，最根本的是在改革发展中进行政策与制度创新。① 要充分尊重民族地区的发展意愿，制定保证群众利益的补偿机制，保证生态建设中的私人收益，合理分担地区生态建设的成本。把生态建设、环境保护政策与经济发展结合起来，改善贫困群众的生产生活条件，提升贫困群众非农就业的可行能力，增设生态公益岗位（为建档立卡贫困户提供生态护林员岗位，每年有 4000 元的收入），吸纳贫困户参与造林与再造林，激发贫困户参与生态环境保护。充分发挥生态资源优势，大力发展绿色产业，实现生态富民、绿色发展，提升可持续发展能力。从根本上实现在发展中保护、在保护中发展的目标，最终摆脱绿碳贫困。

六、本章小结

民族贫困地区与生态保护区之间在地理空间上的重叠关系，导致扶贫开发与生态保护之间的矛盾突出，多因素作用下表现出绿碳贫困。地处长江上

---

① 2018 年 1 月 18 日,国家发展改革委、国家林业局、财政部、水利部、农业部、国务院扶贫办(2021 年 2 月,改名为国家乡村振兴局)六部门印发《生态扶贫工作方案》。在创新贫困地区的支持方式中要求探索碳交易补偿方式:结合全国碳排放权交易市场建设,积极推动清洁发展机制和温室气体自愿减排交易机制改革,研究支持林业碳汇项目获取碳排减补偿,加大对贫困地区的支持力度。推动贫困地区扶贫开发与生态保护相协调、脱贫致富与可持续发展相促进,使贫困人口从生态保护与修复中得到更多实惠,实现脱贫攻坚与生态文明建设"双赢"。

游重要生态功能区的恩施州，生态资源丰富，碳汇资源富集，在生态环境保护中形成正外部效益，要求在上游地区生态保护与下游地区资源利用之间建立横向生态补偿机制。即上游生态保护使下游资源开发得到好处，则下游地区要对上游地区生态保护的正效益给予补偿。一方面分担上游地区生态保护费用，提高上游地区生态保护的积极性；另一方面，提高资源的利用效率。

绿水青山就是金山银山，既要绿水青山又要金山银山。面对着生态环境保护与经济社会发展中的绿碳贫困问题，要探索基于碳市场的生态补偿机制，统筹开发林业和农业沼气碳汇资源。恩施州既不能走先污染后治理的老路，又不能走守着绿水青山苦熬的穷路。面对脱贫攻坚的重任，绿色减贫，将碳汇潜力变成发展的动力，变现生态价值才是摆脱绿碳贫困的出路。

第七章　基于碳贫困的民族地区碳交易参与研究

一、世界碳交易市场的结构及发展概况

全球碳交易市场是一个由人为规定而形成的市场，已成为世界的主要产品市场之一。发达国家的碳减排成本高，发展中国家的碳减排成本低。发达国家对于碳排放权需求很大，发展中国家的供应能力很大，国际碳交易市场由此产生。

碳交易市场是新兴的气候市场，为缓解全球气候变暖，《京都议定书》作为世界第一部带有法律约束力的国际环保协议于 2005 年正式生效，议定书根据"共同但有区别"的责任原则，把缔约国分为附件 I 国家（发达国家和转型国家，例如澳大利亚、加拿大、德国、法国、日本）和非附件 I 国家（发展中国家，例如阿根廷、巴西、中国、印度、南非、马来西亚）。

《京都议定书》规定，附件 I 国家必须在第一阶段履约期（2008—2012年）将温室气体排放总量在 1990 年的排放基础上削减 5.2%，同时创造性地制定了三个灵活的市场减排机制，即联合履行机制、清洁发展机制和国际排放贸易机制（关于这三个交易机制的介绍，可以参见本书第三章的第一节），为解决环境问题中温室气体[1]排放（吸收）的外部性问题提供了市场导向。这三个灵活机制将温室气体减排量变为能够交易的重要商品，承担量化减排责

---

[1] 温室气体(greenhouse gas,简称"GHG")主要包括 6 种气体:二氧化碳(CO_2)、甲烷(CH_4)、一氧化二氮(N_2O)、氢氟碳化物(HFCs)、全氟碳化物(PFCs)以及六氟化硫(SF_6)。其中,由二氧化碳引起的增温效应占所有温室气体增温效应的 63%。

任的附件Ⅰ国家及其企业，通过这三种机制在本国以外的地区取得减排的抵消额，从而以较低的成本实现减排目标。其中，清洁发展机制是这三个机制的核心，也是唯一与发展中国家直接相关的机制。国际碳市场按照减排的强制程度分为京都市场和非京都市场，其结构关系见图7.1。

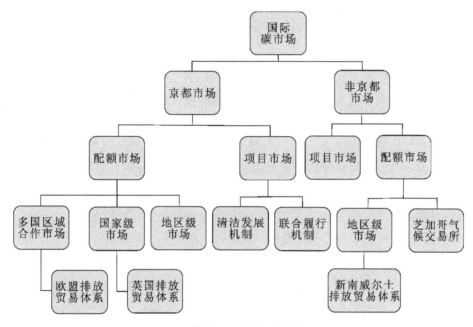

图7.1　当前国际碳市场结构关系图

京都市场为强制性减排交易市场。在《京都议定书》引入清洁发展机制、国际排放贸易机制和联合履行机制三个灵活机制的前提下，各国为达到《京都议定书》中的减排承诺而开展碳交易。而非京都市场为非《京都议定书》缔约方建立的碳交易市场，属于自愿减排交易市场，如美国芝加哥气候交易所、新南威尔士排放贸易体系。区别于京都市场上的排放权买方，自愿市场的排放权买方通常是做出自愿减排承诺的一些大公司。其参与碳交易是为了达成自愿承诺以维持公众形象，同时积累碳排放权交易的经验。

世界碳交易以碳交易所为重要依托，世界碳交易所共有四个：

（1）欧盟的欧洲碳排放权交易机制（European union greenhouse gas emission trading scheme，EU-ETS)。欧盟一直是全球应对气候变化行动的积极推动力量之一。欧盟在借鉴美国《清洁空气法案修正案》并参考欧洲已有的四个非常重要的排放交易体系运行经验的基础上，于2005年推出了二氧化碳排放权交易计划（简称"ETS"）。ETS 于 2008 年初开始正式运行，受欧盟委员会监管，是欧盟应对全球气候变化、减少工业温室气体（大型发电厂、工厂和航班的温室气体）排放的重要依据。欧盟碳排放交易体系已经成为世界上最大的区域碳市场，涉及欧盟 27 个成员国，近 1.2 万个工业温室气体排放实体，还有众多的交易中心，如巴黎 Bluenext 碳交易市场、欧洲气候交易所（ECX）等。目前，欧洲市场完成全球总量 3/4 以上碳产品交易量。欧洲气候交易所成功运用欧盟排放交易体系的配额机制使其成为全球最活跃的碳排放权衍生品交易市场。

欧盟排放交易体系的特点有：一是高增长性、高波动性、高流动性。EU-ETS 是全球碳市场的主导力量，其交易量逐年增加，占全球碳市场的绝大多数份额。二是具有合乎理性的、功能性的市场作用。通过一定的制度安排和市场机制设计，来解决管辖区域的环境问题，实现欧盟的《京都议定书》承诺减排目标。三是具有市场约束力的环保绩效。EU-ETS 作为环境市场和遵循《京都议定书》的工具，正在逐步达到其市场绩效。①

（2）美国的芝加哥气候交易所（Chicago climate exchange，CCX）。美国虽然没有核准《京都议定书》，但于 2003 年建立了芝加哥气候交易所，是全球第一个具有法律约束力、基于国际规则的温室气体排放登记、减排和交易平台，是排放权交易卓越的先驱。CCX 包含两类机构：一类是 CCX 的会员，即排放温室气体的实体；另一类是 CCX 的参与者，即替代物和流动性的提供者。CCX 以会员制运营，美国电力公司、杜邦、福特等 13 家公司是其创始会员，现有会员近 200 个，来自十多个不同的行业。加入 CCX 的会员必须做出自愿但具有法律约束力的减排承诺。CCX 的会员是温室气体排放管理的领先者，代表了全球政府和企业的所有创新。

芝加哥气候交易所是全球第一个由企业发起、以温室气体减排为目标和贸易内容的专业市场平台，其交易品种丰富，它试图借用市场机制来解决温室效应这一日益严重的社会难题。荷兰、加拿大、中国等都设有该交易场所，如中石油及天津产权交易中心共同组建的天津排放权交易所（TCX）。

（3）英国排放权交易机制和澳大利亚国家信托。② 由于美国及澳大利亚是非《京都议定书》成员国，所以只有欧盟碳排放权交易机制及英国排放权交

---

① 杨永杰,王力琼,邓家姝.碳市场研究[M].成都:西南交通大学出版社,2011.
② 江淑敏.我国碳市场构建的设想[D].济南:山东师范大学,2009.

易机制是国际性的交易所,美、澳的两个交易所只有象征性意义。

《京都议定书》规定,无法实现自身减排配额的国家可以通过购买一部分其他国家的配额来完成任务。附件Ⅰ中的发达国家是碳排放权的主要买家,而非附件Ⅰ的发展中国家则是主要的卖家,与发达国家进行 CDM 项目[①]的合作,将产生的核证减排量(CERs)通过合同规定的方式卖给发达国家。

CDM 的开发主要是指发达国家提供资金和技术,与发展中国家开展项目级的合作。[②] CDM 被认为是一项"三赢"的机制:一方面,发展中国家通过合作获得资金和技术,有助于实现可持续发展;另一方面,通过合作,发达国家可以大幅度降低其在国内实现减排所需的高额费用(下文中关于日本减排成本的案例可以印证这一点)。同时项目合作双方还为减缓全球气候变暖做出了各自的贡献。

2011 年 10 月,国家发展改革委印发《关于开展碳排放权交易试点工作的通知》,批准北京、上海、天津、重庆、湖北、广东和深圳等七省市开展碳交易试点工作。在碳交易的三种灵活机制中,中国和其他发展中国家一样,只能通过 CDM 参与其中。《京都议定书》生效后,广大非附件Ⅰ的发展中国家抓住机会,鼓励本国企业开发 CDM 项目,以争取更多的发展资金和技术支持。中国 CDM 项目开发领域集中在可再生能源发电类、煤层气回收与利用、废气废热利用、造林与再造林等。

CDM 解决了发达国家减排成本过高的问题,可在全球范围内优化资源配置,降低碳减排成本,同时在经济增长和低碳排放目标间实现平衡并循序渐进,有助于发展中国家的可持续发展。例如,CDM 项目开发为贫困地区提供资金、技术和新的发展机遇,目前 CDM 是发展中国家减排投资的最重要来源,尽管目前发达国家减排承诺水平不高,但发达国家每年至少有 40 亿美元的碳资金流入发展中国家。

CDM 为发达国家与发展中国家搭起了碳减排合作的桥梁。在 CDM 项目中,发达国家通过投资减排项目,提供节能设备,开发新能源,实施造林与

---

① CDM 项目的减排原理有两种:直接减排(碳汇林项目、煤层气抽采);间接减排(风力发电、光伏发电等清洁能源项目)。涉及五个领域,分别是:化工废气减排、煤层气回收利用、节能与提高效能、可再生能源、造林与再造林。

② 原则上任何有益于温室气体减排或吸收的技术,都可以被开发成 CDM 项目。CDM 项目的开发模式有三种:单边模式、双边模式、多边模式。目前这三种模式在中国均有开展。

再造林等获得碳减排信用,而发展中国家从项目的开展中获得发达国家的技术转移、资金扶持、先进的管理方式等,以提高国内企业竞争力。中国、印度、拉丁美洲是 CDM 交易市场上的主要卖方,自 2002 年开始,中国的市场份额稳定在 60%,由于交易成本较低、投资环境良好而吸引 CDM 项目,投资潜力较大。2008 年天津气候交易所正式挂牌交易,标志着中国积极参与全球碳交易,为迎接绿色经济的竞争做准备。① 拉美国家在实施 CDM 方面走在了世界前列。目前,拉美温室气体减排项目主要集中于墨西哥和巴西等经济大国。其中,巴西是第一个建立碳交易市场的发展中国家。

通过项目合作,发展中国家既能获得减排所需的资金和技术,又能从经核证的减排量(CERs)出售中获取可观的收入,为发达国家实现碳减排提供更多的灵活性(时间、地域和部门方面),降低成本,有效实现《京都议定书》的碳减排承诺,节约资金。

经过多年发展,碳交易市场规模不断扩大,参与国不断增加,交易制度与交易机制渐趋成熟。2017 年是中国启动全国碳交易统一市场的元年,中央和地方政府大力推动,碳交易建设全面进入"快车道"。

碳交易市场规模的扩大带来良好的环境效益和经济效益。日本和欧美等发达国家及地区已通过碳交易获得良好的环境效益和经济效益。如英国"以激励机制促进低碳发展"的气候政策提高了能源利用效率,减少了温室气体排放量;美国堪萨斯州农民通过农田碳交易,获得新的农业收入;日本则把碳交易看作"21 世纪第一个巨大的商机"。在日本减排 1t 二氧化碳的成本为 54~81 美元,而通过 CDM 项目合作在发展中国家实现减排,再购买这些减排量,现价是 10~20 欧元/t。减排 1t 二氧化碳在发达国家至少需要花费 20~30 欧元,而在发展中国家购买只要 7~10 欧元,这样的价格对于发达国家来说就很划算。②

《巴黎协定》为全球应对气候变化搭建了新的制度框架,要求各国建立碳排放硬性约束机制,在农业、工业、交通、生活等领域减少能源消耗,鼓励应用清洁能源,进一步推动碳交易体系的完善及碳市场建设。作为全球第二大经济体,中国也被看作全球最有潜力的碳交易市场。因此,中国碳交易市场的建立,要充分借鉴国际经验,把握国际碳市场的发展特点,结合我国经

---

① 华志芹.碳交易市场构建的经济学分析[D].南京:南京林业大学,2010.

② 刘奕良.废气变黄金:清洁发展机制研究[M].北京:新华出版社,2008.

济社会发展的实际和碳市场发展现状，建立符合我国国情的碳排放权交易体系。

总的来看，世界碳交易市场在《京都议定书》的推动下，出现了附件Ⅰ国家和非附件Ⅰ国家，制定了碳交易的三个灵活减排机制，形成了四个世界碳交易所。本着"共同但有区别"的责任原则，发展中国家与发达国家开展了以 CDM 项目为基础的碳交易合作，这是一项"三赢"的国际合作机制。中国在推动碳交易制度建设、CDM 项目建设方面不遗余力，践行着一个负责任的发展中国家的庄重承诺。

二、中国碳交易市场构建的紧迫性、必要性与可行性

（一）中国碳交易市场构建的紧迫性

气候变化（变暖）要求碳减排的形势越来越紧迫。改革开放以后中国经济快速增长的同时碳排放量也迅速增加，作为世界第二大经济体，碳排放总量上升为世界第一。全球气候变暖形势下的《中国应对气候变化国家方案》中明确提出：要依靠科技进步和科技创新应对气候变化。中国作为一个碳排放大国，也是一个负责任的大国，理应为碳减排做出自己的贡献。作为发展中国家，虽然没有被《京都议定书》纳入强制减排计划，但是中国一直通过 CDM 参与全球碳交易。中国的实体经济企业为世界碳交易市场创造了大量减排额，大部分是 CERs。随着世界碳市场的发展，中国也在大力发展碳市场，但是尚未形成一套规范统一的市场规则和法律制度来约束碳交易行为，并且碳交易产品比较单一，交易量有限。

全球碳交易市场规模不断扩大，参与国不断增加，碳交易市场的数量逐渐增加。相关数据显示，中国今后的碳市场交易量将达到 30 亿~40 亿 t/a，现货交易额最高有望达到 80 亿元/a，通过实现碳期货交易，国家碳市场交易规模可高达 4000 亿元。由此可知，当前及今后中国的碳市场体量大，市场价值高，中国将成为全球最大的碳交易市场。CDM 带来的碳减排贸易为中国创造了巨大的融资机会，出售 CER 有利于中国吸收国外资金，引进先进技术，加快传统能源工业的技术改造，支持清洁能源项目建设，减少温室气体排放，提高我国应对气候变化的能力，也可以使环境效益良好但是经济效益差的项

目得以顺利实施。

虽然中国碳市场体量大，市场价值高，但是没有自己的交易体系。在国际碳交易市场中中国碳交易议价能力弱，没有定价权，碳汇交易的"话语权"仍然掌握在发达国家的手中。在碳交易中由于信息不足，碳汇价格偏离其价值，碳交易价格被压得很低，发达国家以低价购买后，包装、开发成价格更高的金融产品在国外进行交易，从而造成中国碳汇资源的大量流失。中国每年通过 CDM 实现的减排量非常大，但是对碳排放定价却没有影响力，完全接受国外买家的定价。因此，政府部门应加快建立全国统一的碳交易市场，与国际市场接轨，并确立中国在国际碳交易市场中的地位。[①] 中国的碳交易在国际市场上面临着有供应量无市场，有市场无价格的窘境。因此，建立全国统一的碳交易市场势在必行。

近些年，中国成立了七个区域碳交易中心，还有其他碳交易中心在筹备中，但由于缺乏统一规划，分散谈判，中国企业在碳交易中缺乏价格方面的话语权。中国应构建一个既完善又统一的碳市场，吸引更多国家参与中国 CDM 项目开发，增加有效需求。通过市场发现价格，改变国内碳排放价格弱势地位，保护中国参与项目的企业利益。[②] 中国很多企业因为缺乏国家交易操作规范而得不到联合国相关部门的认可。项目申报数量多，但是在联合国 CDM 执行理事会成功注册的少。中国 CDM 项目的引入、产出、评估、推广都直接运行于国际交易市场中，项目主体应遵守国际市场交易规则并与国际市场接轨。因此，通过市场机制规范碳交易程序，尽早建立统一的碳市场不仅是维护碳交易经济利益的现实需要，也是应对国际气候谈判压力和贸易纠纷的迫切需要，还是顺应全球碳市场建设的大势之举。[③]

（二）中国碳交易市场构建的必要性

碳市场以控制企业温室气体排放为切入点，以建立完善的顶层制度为着力点，建立碳排放权交易市场，不仅是利用市场机制控制温室气体排放的重

---

① 殷维，谭志雄.基于森林碳汇的中国碳交易市场模式构建研究[J].湖北社会科学，2011（4）：96-99.

② 赵智敏，朱跃钊，汪霄.浅析构建中国碳交易市场的基本条件[J].生态经济，2011（4）：70-72.

③ 高山.我国碳交易市场发展对策研究[J].生态经济，2013（1）：78-81.

大举措，也是深化生态文明体制改革的迫切需要，还是推进中国经济社会绿色转型发展的必然选择。

从气候变化、生态环境保护、能源综合开发利用方面看中国现阶段的国情，在很多领域经济增长仍未达到集约化程度，尤其是第二产业生产中的能源消耗仍然以传统能源为主（传统能源占能源消耗比例超过80%）。2013年以来，中国局部地区大面积雾霾天气持续时间再创新高；2016年夏季，长江流域出现特大洪涝灾害；2017年夏季，青藏高原的可可西里面临水患。工业生产碳排放引发的气候变化和生态环境问题已经深刻地影响着人类的生产生活、健康状况。

碳排放峰值来得越早，峰值越低。依据历史经验，发达国家一般在人均GDP达到2万～2.5万美元时，碳排放达到峰值。中国预计在人均GDP达到1.4万美元时即可达到峰值。作为全球最大的温室气体排放国，中国政府在哥本哈根气候峰会前宣布，到2020年，中国单位GDP二氧化碳排放要比2005年下降40%～45%。2015年6月，中国在联合国应对气候变化国家自主贡献文件中提出，将于2030年左右使二氧化碳排放达到峰值并尽早实现，2030年单位GDP二氧化碳排放比2005年下降60%～65%，非化石能源占一次能源消费比重达到20%左右，森林蓄积量比2005年增加45亿 m^3 左右。推进全国碳排放权交易体系建设是应对气候变化的重要一环。中国的减排承诺在国内具有约束力，并在国际谈判中定性为"自主行动"。

中国处于整个碳交易产业链的最低端。由于碳交易的市场和标准都在国外，中国为全球碳市场创造的巨大减排量，被发达国家以低价购买后，包装、开发成价格更高的金融产品在国外进行交易。虽然从2011年开始，中国启动了七个省市的碳排放权交易试点[①]，但是与国外成熟的碳市场相比，中国现有的七个试点碳交易市场的交易活跃度仍然较低，碳价有明显走低趋势，真实价值难以实现。因此，要加快建立全国碳交易市场，通过碳交易倒逼碳减排机制建设，督促主要碳排放企业加快绿色转型的步伐。

碳排放权交易市场是推动低碳经济发展的高级形式，它是通过行政手段

---

① 碳排放交易中心的主要工作是根据有关法律、法规和政策开展碳排放权交易及咨询服务等业务。主要有：碳排放权配额交易，国家核证自愿减排量交易，碳金融产品开发及涉碳投融资服务，碳交易市场咨询策划和培训服务，法律法规允许的其他节能减排相关业务，为控排企业提供碳排放权交易、履约、融资、碳资产管理和咨询，拓宽企业绿色投融资渠道，等等。

人为创造出的一个市场，其具备价格发现和资源配置的功能，能够促使经济体以最低的成本完成碳减排的任务。碳交易市场建立的必要性在于：一是实现能源消费结构转变和应对气候变化挑战的双赢选择；二是实现经济社会与生态可持续发展的必然选择；三是国际气候谈判背景下的必然趋势；四是提升我国碳定价方面话语权的有效途径；五是我国实现跨越式发展的重要途径。

2017 年，中国启动全国碳排放权交易市场，这是中国推动节能减排、应对气候变化的工作重点之一。[①] 通过碳市场机制破除制约清洁能源产业可持续发展的障碍，营造公平的市场竞争环境，进一步促进企业改革，推进碳减排制度建设，推动经济社会转型发展。建立碳交易机制必须有合适的制度和政策保证，建立全国统一碳交易体系不仅是一种市场经济行为的创新，还是人类社会资源价值观的变革。

（三）中国碳交易市场构建的可行性

2008 年 11 月 5 日，中国环境文化促进会与中科院专家联合发布了《中国碳平衡交易框架研究》，首次提出以"碳"这一可定量分析要素作为硬性指标，建议在中国以省级为单位推行"碳源—碳汇"交易制度，设计了中国碳基金的收取与支付操作模式，规范了碳交易市场，对于解决我国经济发展与能源、环境相协调的问题具有积极的现实意义。[②] 碳交易市场的构建是以国际社会共同缓解气候变化而制定的减排目标为约束力，在政策引导下形成的。相较于一般商品市场，碳市场需求与供给的不确定性较高，市场价格波动较大，市场信息成本较高，碳市场的有效性与政策紧密相关。为此，中央和地方政府出台了相应的政策文件支持碳交易市场的构建。国家"十三五"规划纲要提出：要落实减排承诺，积极应对全球气候变化，有效控制温室气体排放，推动建设全国统一的碳排放交易市场。

中国政府强势推进碳排放权交易市场建设的决心毋庸置疑。在国家"十三五"规划纲要的引领下，高位推动全国碳排放交易市场建设的条件已经具备。中央和地方政府已在碳交易制度设计和碳交易操作层面上出台相关的政策文件（表7.1）。政策与制度是碳交易市场形成的重要保证，政府是政策的制定者与监

---

① 2017 年 12 月 19 日，国家发展改革委宣布，以发电行业为突破口的全国碳交易市场正式启动，《全国碳排放权交易市场建设方案（发电行业）》也同时印发。

② 李晓芬.碳排放交易市场机制研究[D].青岛：山东科技大学，2010.

督者，政府行为对产权市场及有效商品市场都有重大影响，因而碳排放权交易市场是在政府这只"看得见的手"引导下的"无形市场"。

表 7.1 中央和地方（湖北省）政府碳交易制度设计与操作政策文件

序号	类型	政策文件名称	时间
1	碳交易制度设计	国家发展改革委《清洁发展机制项目运行管理办法》（2011 年国家发改委令第 11 号）	2011 年
2		国家发展改革委《温室气体自愿减排交易管理暂行办法》（发改气候〔2012〕1668 号）	2012 年
3		国家发展改革委《碳排放权交易管理暂行办法》（发改委令第 17 号）	2014 年
4		国务院《"十三五"控制温室气体排放工作方案》（国发〔2016〕61 号）	2016 年
5		湖北省《湖北省碳排放权管理和交易暂行办法》（省政府令第 371 号）	2014 年
6		湖北碳排放权交易中心《湖北碳排放权交易中心碳排放权交易规则》	2016 年
7	碳交易操作	国家发展改革委办公厅《温室气体自愿减排项目审定与核证指南》	2012 年
8		国家发展改革委办公厅《关于温室气体自愿减排方法学（第二批）备案的复函》	2013 年
9		国家发展改革委办公厅《关于公布温室气体自愿减排交易第一批审定与核证机构的公告》	2013 年
10		国家发展改革委《关于落实全国碳排放权交易市场建设有关工作安排的通知》（发改气候〔2015〕1024 号）	2015 年
11		国家发展改革委《关于切实做好全国碳排放交易市场启动重点工作的通知》（发改办气候〔2016〕57 号）	2016 年
12		国家发展改革委关于印发《全国碳排放权交易市场建设方案（发电行业）》的通知（发改气候规〔2017〕2191 号）	2017 年
13		湖北省《关于 2015 年湖北省碳排放权抵消机制有关事项的通知》（鄂发改〔2015〕154 号）	2015 年

碳市场构建与发展的重要驱动因素是政策制度的制定与创新。以上这些政策文件在制度和操作层面为碳交易的实施奠定了重要基础。中国未来的碳交易就是要逐步建立一个优良的合作环境，包括明确的政策、透明和有效的管理服务，有能力与发达国家开展 CDM 项目合作。

政府参与下的外部性市场拓展了市场的组织结构，政府通过产权分配、交易制度，依托金融产品，实现了外部性成本价值的市场化。为提高碳交易信息的透明度和效率，完善碳市场，2013 年，在国家发展改革委批准下，北京、上海、重庆、天津、广东、湖北和深圳七省（市）开展碳交易试点工作。其中，北京环境交易所是国内首家专业服务于环境权益交易的市场平台，该平台制定了中国第一个自愿碳减排的熊猫标准①。天津碳排放权交易所是中国第一家综合性排放权交易机构。

2013 年是中国碳市场的元年，在"十二五"规划中，中国明确提出要"逐步建立碳排放权交易市场"。因此，在初始阶段选定"五市两省"作为碳市场机制建设的试点地区。七个试点地区均采用了类似 EU-ETS 的制度设计，即总量控制下的排放权交易，同时也接受来自国内自愿减排项目产生的抵消碳信用。2013 年 6 月 18 日，深圳市碳排放权交易正式上线，随后上海、北京、广东、天津的碳交易试点也纷纷开始。湖北与重庆则在 2014 年启动碳交易。另外，国家发展改革委着手开始了中国自愿减排项目的申报、审核、备案、签发等工作流程，并公布了 175 个方法学。湖北省的配额及履约规则见表 7.2。

表 7.2   湖北省配额及履约规则②

年份	纳入范围（万吨标煤）	企业数量（个）	配额总量（亿 t）	分配方法	该年配额适用履约规则
2014 年	6	138	3.24	调节因子 0.9192	CCER 抵消需同时满足 4 个条件：国家发展改革委备案 100％抵消；省外（协议省市）使用不高于 5 万 t；来自非大中型水电项目；在湖北省进行登记

① 熊猫标准是中国第一个自愿碳减排标准，旨在为初生的中国碳市场提供透明而可靠的碳信用额，并通过鼓励对农村经济的投资达到中国政府消除贫困的目标。

② 碳道（Ideacarbon）中国碳市场资讯平台［EB/OL］.（2017-10-12）［2017-12-21］. https://navi.co2.press/sites/138.html.

续表7.2

年份	纳入范围（万吨标煤）	企业数量（个）	配额总量（亿 t）	分配方法	该年配额适用履约规则
2015 年	6	167	2.81	电、热、水泥采用标杆法调节因子 0.9883	CCER 补充要求：国家备案本省产生的农林沼气、林业项目；抵消比例 10％
2016 年	6	236	2.53	玻璃、其他建材、陶瓷采用历史强度法调节因子 0.91856	CCER 项目计入期从 2015 年 1 月 1 日—2015 年 12 月 31 日调整为 2013 年 1 月 1 日—2015 年 12 月 31 日；协商议价转让＋定价转让（公开转让、协议转让）
2017 年	1	344	2.57	调节因子 0.9781	——

三、中国碳交易统一市场的建设与成效

建立全国统一的碳市场是中国应对气候变化的一项重大体制创新。中国碳市场建设起步于 2011 年。2013 年，我国确定北京、天津、上海、重庆、湖北、广东、深圳等七省市作为试点开展碳交易工作。2013 年 6 月，深圳率先启动实际交易，其他各试点省市随后也逐步启动运行碳交易市场。2016 年底，四川和福建两个非试点地区也开始了碳市场建设工作。截至 2018 年 8 月，各试点碳市场共纳入 20 余个行业，近 3000 家重点排放单位，累计成交量约 2.5 亿 t CO_2e，累计成交金额达 55 亿元人民币。建设全国碳排放权交易市场将在中国实现 2030 年减排目标中发挥关键作用。

2015 年 11 月 30 日，国家主席习近平在气候变化巴黎大会上说，中国在"国家自主贡献"中提出将于 2030 年左右使二氧化碳排放达到峰值并争取尽早实现。[1] 建设碳市场的目的是以全社会最低经济成本实现减排目标。中国全

---

① 新华网.习近平：携手构建合作共赢、公平合理的气候变化治理机制[EB/OL].(2015-12-01)[2017-12-22].http://news.cntv.cn/2015/12/01/ARTI1448951528510252.shtml.

国性碳交易体系是建立在 2013 年以来北京、上海、广东和湖北等主要省市七个试点经验基础之上的，涵盖超过 3000 个排放企业，年排放约 14 亿 t 二氧化碳。2017 年碳交易试点的碳交易价格在 3～7 美元/t，交易额约为 6.8 亿美元。其中，第一个欧盟与中国碳排放交易体系合作项目于 2014—2017 年间实施，以支持试点阶段。随着全国统一碳市场建设的提速，中国即将迎来全面的碳约束时代，以二氧化碳为代表的温室气体排放权已经成为一种具有金融价值的稀缺商品，逐渐成为企业继现金资产、实物资产和无形资产后又一新型资产——碳资产。

电力行业不仅是碳排放和碳减排的重要领域，也是碳市场覆盖的主要行业。为减少温室气体排放、实现经济与生态环境协调可持续发展，2017 年 12月，经国务院同意，国家发展改革委印发了《全国碳排放权交易市场建设方案（电力行业）》（以下简称《方案》）。《方案》的印发标志着全国碳排放交易体系完成了总体设计并正式启动，全国统一碳市场的建立迈出了坚实的第一步。这是中国遵守国际承诺，为全球应对气候变化迈出的关键一步。中国碳市场初期将覆盖发电行业的 1700 余家企业，二氧化碳排放总量超过 30 亿 t，约占全国排放量的 30%。根据《方案》，全国碳市场建设总体上分为基础建设期、模拟运行期和深化完善期三个阶段。在全国碳市场建设初期，碳配额将以免费发放为主，初期碳价不会很高，以免给企业带来较大压力。

《方案》明确，在发电行业年度排放达到 2.6 万 t CO_2e（综合能源消费量约 1 万 t 标准煤）及以上的企业或者其他经济组织为重点排放单位。年度排放达到 2.6 万 t CO_2e 及以上的其他行业自备电厂视同发电行业重点排放单位管理。在此基础上，逐步扩大重点排放单位范围。

按照"坚持先易后难、循序渐进"的原则，在发电行业（含热电联产）率先启动全国碳排放交易体系，培育市场主体，完善市场监管，之后再逐步扩大参与碳市场的行业范围，逐步延伸至包括水泥、钢铁和造纸等在内的其他七个高耗能、高排放行业，不断完善碳市场。逐步建立起归属清晰、保护严格、流转顺畅、监管有效、公开透明、具有国际影响力的碳市场，为我国有效控制和逐步减少碳排放，推动绿色低碳发展做出新贡献。①

---

① 资料来源：国家发展改革委关于印发《全国碳排放权交易市场建设方案（发电行业）》的通知，发改气候规〔2017〕2191 号。

全国碳市场启动后，只纳入电力一个行业，中国的碳市场已是世界规模最大的碳市场，是欧洲碳市场的 1.5 倍。全国碳交易市场预期价格，期望的市场碳交易价格为 300 元/t（45 美元/t），国际学者认为碳排放的社会成本高达 125 美元/t。2018 年是中国碳市场顶层制度建设和各项基础设施、能力建设的关键一年。

建设全国碳排放权交易市场是贯彻党的十九大精神，落实党中央、国务院的重大决策部署，践行创新、协调、绿色、开放、共享新发展理念的重大举措，是利用市场机制控制和减少温室气体排放的一项重大创新实践，对我国生态文明建设和实现绿色低碳发展将起到积极推动作用。我国碳市场自设计之初，便将林业碳汇列为重要的自愿减排（CCER）项目来源。在碳市场机制下，造林和林业经营活动不仅能够增强森林生态功能，还可以出售碳汇获利，实现"绿水青山就是金山银山"的理念。全国碳市场的启动不仅有助于构建约束和激励并举的生态文明制度体系，发挥"绿水青山"在脱贫攻坚中的作用，促进山水林田湖草的生态系统保护，形成市场化的生态补偿机制，助力美丽中国建设，还有助于中国树立负责任大国形象，推进人类命运共同体的构建。

我国已多次在国际气候大会上对温室气体减排目标做出承诺，构建绿色、低碳、循环的经济体系已成为我国经济发展的重要战略，并且我国坚持将碳交易市场作为实现低碳减排的有效工具。但是我们应该清醒地认识到，健全和完善全国统一的碳排放权交易市场依然任重而道远。

四、当前民族地区精准扶贫的成效与困境

2017 年 10 月，党的十九大报告指出："坚决打赢脱贫攻坚战，坚持精准扶贫、精准脱贫，重点攻克深度贫困地区脱贫任务，确保到 2020 年我国现行标准下农村贫困人口实现脱贫，贫困县全部摘帽，解决区域性整体贫困，做到脱真贫、真脱贫。"在国家精准扶贫政策的大力推动下，全社会合力减贫，民族地区经济社会全面快速发展，发展速度超过全国水平，差距不断缩小，各项事业稳步推进。

(一) 民族地区精准扶贫的主要成效

1. 民族地区精准扶贫的成效之一：经济增长速度快，贫困发生率大幅下降，城镇化率提升，农村居民收入与支出增长速度快，与全国的差距进一步缩小

精准扶贫对民族地区经济社会的总体发展起到重要推动作用。民族八省区 2016 年的经济增长率为 8%，比全国经济增长速度高出 0.3%，按照可比价格计算，2011—2016 年，民族八省区地区生产总值年均增速达到 10.2%，比同期全国国民生产总值年均增速的 7.6% 高出 2.6%。截至 2016 年，民族八省区全社会固定资产投资达到 8.18 万亿元，占全国固定资产投资总额的 13.5%，2011—2016 年民族八省区的全社会固定资产投资、地方财政收入、全社会消费品零售额，这三项经济指标年均增速均高于全国平均增速。其中，全社会固定资产投资增速更是超出全国增速 4 个百分点。2016 年底城镇化率为 48.4%，比 2015 年提高了 1.4%。民族八省区居民（农牧民）的人均收入与支出也快速增长。在可支配收入方面，截至 2016 年，人均可支配收入达 9577 元，较 2015 年增长了 9.1%，比全国平均水平低 22.5%，相对差距缩小了 5.7%。在消费支出方面，截至 2016 年，农村人均消费支出达 8213 元，比 2015 年增长了 9.3%，农村居民人均消费支出绝对水平比全国平均水平低 18.9%，相对差距呈现缓慢缩小的趋势。[①]

在经济社会各项事业快速发展的同时，贫困人口大量减少，贫困发生率快速下降，减贫成效明显。2016 年民族八省区农村贫困人口为 1411 万人，较 2015 年减少了 402 万人，贫困人口实现脱贫的数量较大。民族八省区 2016 年的贫困发生率为 9.4%，与 2015 年 12.1% 的贫困发生率相比，下降了 2.7%。2017 年末民族八省区农村贫困人口为 1032 万人，农村贫困发生率从 2012 年末的 21.1% 下降至 6.9%，累计下降 14.2 个百分点，年均下降 2.8 个百分点。

2. 民族地区精准扶贫的成效之二：民族八省区减贫比例提升，精准扶贫见成效

2016 年，民族八省区减贫比例为 22.2%，相较于 2015 年，减贫比例上升了 4.4 个百分点，与全国同期的减贫比例相当。2011—2016 年，民族八省区农村贫困人口占全国的比重均在 30% 以上。从图 7.2 看民族八省区与全国的减贫

---

① 张丽君,吴本健,王飞,等.中国少数民族地区扶贫进展报告(2017)[M].北京:中国经济出版社,2018.

比例，2011—2016 年，民族八省区减贫比例分别为 22.3％、20.3％、17.9％、13.9％、17.8％、22.2％，全国同期为 26.1％、19.1％、16.7％、14.9％、20.6％、22.2％。在这组数据中，我们可以看到，2011—2014 年，民族八省区与全国的减贫速度都在逐年下降，但是到了 2015 年减贫速度则明显加快，民族地区的减贫比例提升明显。这在一定程度上反映出民族地区在精准扶贫进入攻坚克难的新阶段，在重点关注深度贫困民族地区的扶贫工作中，中央加大政策扶持力度，加大各种扶贫资源的投入力度，精准施策，地方政府抓落实、抓行动，各族群众积极参与，扶贫资源的使用精准度更高，精准到村到户，使得贫困人口脱贫致富，精准扶贫见成效。

图 7.2　民族八省区与全国减贫率对比

民族地区精准扶贫中变"大水漫灌"为"精准滴灌"，变"输血"为"造血"，变重 GDP 为重脱贫成效，成绩举世瞩目。但是由于自然与经济社会发展的不利因素叠加，中国中西部边疆地区、少数民族聚居区的扶贫工作仍然十分艰巨。

（二）民族地区精准扶贫的主要困境

1. 民族地区困难群众多、群众困难多，贫困程度深、脱贫任务重

民族地区由于自然、历史、人文与宗教等因素的交错影响，民族地区中的广西、贵州、云南三省区贫困人口多、占比高。2016 年广西、贵州、云南仍有 1116 万贫困人口，占民族八省区贫困人口的 77.45％，主要分布在集中连片特困区的滇桂黔石漠化片区、滇西边境山区和乌蒙山片区。全国 832 个

片区和重点县中民族自治地方县 421 个，占到 51%。

从图 7.2 看，2014 年和 2015 年民族八省区减贫速度慢于全国，2016 年与全国的减贫比例相当。这进一步表明在民族地区脱贫攻坚任务艰巨的情况下，少数民族和民族地区的贫困（深度贫困）问题是现阶段我国扶贫开发最难啃的"硬骨头"，也是全面建成小康社会决胜阶段的最短板。

在精准扶贫的攻坚"拔寨"期，民族地区的脱贫攻坚更应抓住重点，聚焦深度贫困民族地区。根据少数民族群众与民族地区不同致贫原因，精准施策，紧紧围绕精准扶贫中的"五个一批"与"十大工程"，将民族地区贫困人口的可行能力培育作为脱贫攻坚的出发点与落脚点，以提升民族地区的自我发展能力为中心，促进减贫工作的稳步推进，确保民族地区同步全面建成小康社会。

2. 民族地区贫困人口占全国贫困人口的比重较大，贫困发生率远高于全国同期的贫困发生率

根据国家统计局对全国 31 个省（自治区、直辖市）的 16 万户农村居民家庭的抽样调查，按年人均收入 2300 元（2010 年不变价）的国家农村扶贫标准测算。2016 年全国农村贫困人口仍有 4355 万人，农村贫困发生率为 4.5%。民族地区贫困人口、贫困发生率与全国同期的贫困人口、贫困发生率如表 7.3、图 7.3 所示。民族八省区分地区农村贫困人口及贫困发生率见表 7.4。综合来看，2011—2016 年民族八省区的贫困发生率虽然逐年下降，但与全国同期贫困发生率相比，分别高出 13.8、10.6、8.6、7.5、6.4 和 4.9 个百分点。[①]民族八省区的贫困程度更深，贫困面更大。

表 7.3 2011—2016 年民族八省区与全国贫困人口及贫困发生率

指标		2011 年	2012 年	2013 年	2014 年	2015 年	2016 年
贫困标准（元）		2536	2625	2736	2800	2855	3100
贫困人口	民族八省区（万人）	3917	3121	2562	2205	1813	1411
	全国（万人）	12238	9899	8249	7017	5575	4355
	八省区占全国比重（%）	32	31.53	31.1	31.42	32.52	32.4

① 张丽君,吴本健,王飞,等.中国少数民族地区扶贫进展报告（2017）[M].北京:中国经济出版社,2018.

172

续表7.3

指标		2011 年	2012 年	2013 年	2014 年	2015 年	2016 年
贫困发生率（%）	民族八省区	26.5	20.8	17.1	14.7	12.1	9.4
	全国	12.7	10.2	8.5	7.2	5.7	4.5
	民族八省区与全国对比	高 13.8	高 10.6	高 8.6	高 7.5	高 6.4	高 4.9

表 7.4 2012—2018 年民族八省区分地区农村贫困人口及贫困发生率

地区		2012 年	2013 年	2014 年	2015 年	2016 年	2017 年	2018 年
内蒙古	贫困人口（万人）	139	114	98	76	53	37	14
	贫困发生率（%）	10.6	8.5	7.3	5.6	3.9	2.7	1.0
广西	贫困人口（万人）	755	634	540	452	341	246	140
	贫困发生率（%）	18.0	14.9	12.6	10.5	7.9	5.7	3.3
贵州	贫困人口（万人）	923	745	623	507	402	295	173
	贫困发生率（%）	26.8	21.3	18.0	14.7	11.6	8.5	5.0
云南	贫困人口（万人）	804	661	574	471	373	279	179
	贫困发生率（%）	21.7	17.8	15.5	12.7	10.1	7.5	4.8
西藏	贫困人口（万人）	85	72	61	48	34	20	13
	贫困发生率（%）	35.2	28.8	23.7	18.6	13.2	7.9	5.1
青海	贫困人口（万人）	82	63	52	42	31	23	10
	贫困发生率（%）	21.6	16.4	13.4	10.9	8.1	6.0	2.6
宁夏	贫困人口（万人）	60	51	45	37	30	19	9
	贫困发生率（%）	14.2	12.5	10.8	8.9	7.1	4.5	2.2
新疆	贫困人口（万人）	273	222	212	180	147	113	64
	贫困发生率（%）	25.4	19.8	18.6	15.8	12.8	9.9	5.7

资料来源：中华人民共和国国家民族事务委员会经济发展司.2018 年民族地区农村贫困监测情况［EB/OL］.(2020-1-03)[2020-1-09].https://www.neac.gov.cn/seac/jjfz/202001/1139406.shtml。

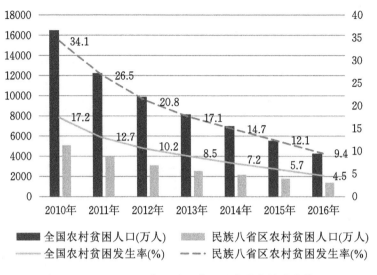

图 7.3　2010—2016 年民族八省区和全国农村减贫情况

3. 民族地区贫困人口的数量依然很多,贫困人口占比有上升的趋势

2016 年,民族八省区有 402 万农村贫困人口实现脱贫,虽然贫困人口数量由 2015 年年底的 1813 万人下降到 1411 万人,但是贫困人口数量的绝对数依然很高,贫困人口的数量依然很多。2016 年,在全国贫困人口大幅减少的情况下,民族八省区贫困人口占全国贫困人口的比重却缓慢上升,从 2012 年的 31.53％升至 2016 年的 32.4％。这说明中国的贫困人口越来越集中于民族地区。因此,在精准扶贫的攻坚"拔寨"期,应重点关注民族地区,着重防止民族地区贫困人口比重的继续增大,着力防止脱贫人口返贫。这就要求在精准扶贫中进一步集中力量、重点攻坚,考虑到民族地区致贫原因的复杂性,不仅要关注直接致贫因素,还要关注间接致贫因素,全面把握致贫因素,精准施策,稳步推进精准扶贫。

依据可行能力理论,精准扶贫对于贫困群众不是一般的物质救济,而是以提高贫困群众的可行能力实现脱贫向内生转型。精准扶贫已取得显著成绩,然而,当前的精准扶贫仍面临着体制性机制障碍。政府是扶贫主导者,市场是扶贫激励者,广大社会主体是扶贫的服务提供者和监督者,扶贫对象是扶贫利益的享受者。精准扶贫中的"六个精准""五个一批""四个切实"和"十大工程"①，这些基本原则和重大措施，都是以政府为主导，实施的主体、参与的主体单一，减贫手段、措施有限。同时，精准扶贫面临着政策的连贯性、项目措施可持续性的问题，贫困人口稳定脱贫难。在扶贫过程中政府与市场的界限不明，社会主体参与扶贫程度低，贫困人口过度依赖政府，市场效用发挥不充分。特别是市场化程度低的民族地区要充分利用市场机制，发挥市场调配扶贫资源的作用，提高贫困人口的参与度，从市场的角度优化资源配置，提高贫困群众自主脱贫的能力，实现可持续发展并非易事。因此，精准扶贫的方式与模式应当适时优化。

五、民族地区参与碳交易的作用与意义

（一）新时代优化民族地区精准扶贫模式的要求

汪三贵等（2016）利用国家统计局贫困监测数据对宏观层面的民族贫困问题进行了描述分析。研究发现：在农户层面，少数民族和汉族农户的贫困发生率基本持平，扶贫政策和经济增长的效应主要在县和村两个层面发挥作用，到农户层面已经没有明显的"益民族"或者"亲民族"特征。研究表明：现行扶贫政策仍缺乏民族敏感意识，缺乏瞄准民族的政策和项目。由此，如何使现行扶贫政策实现"亲民族"成为未来解决特殊类型贫困地区和集中连片特困民族地区的重要挑战。②

长期以来，中国实施的是政府主导的扶贫模式，中央政府或者省级政府制定扶贫战略，地方各级政府负责具体实施，并接受上级政府的检查。这套扶贫模式形成于我国传统的粗放型扶贫机制。传统扶贫机制在政策制定和项目实施上相对简单易行，适合以政府为主导的扶贫模式，然而这种扶贫模式

---

① 六个精准：扶贫对象精准、项目安排精准、资金使用精准、措施到户精准、因村派人精准和脱贫成效精准。五个一批：发展生产脱贫一批，易地扶贫搬迁脱贫一批，生态补偿脱贫一批，发展教育脱贫一批，社会保障兜底一批。四个切实：切实落实领导责任，切实做到精准扶贫，切实强化社会合力，切实加强基层组织建设。十大工程：干部驻村帮扶、职业教育培训、扶贫小额信贷、易地扶贫搬迁、电商扶贫、旅游扶贫、光伏扶贫、构树扶贫、致富带头人创业培训、龙头企业带动。

② 汪三贵,张伟宾,杨龙.少数民族贫困问题研究[M].北京:中国农业出版社,2016.

容易造成政府与市场在扶贫过程中的边界不清，容易导致政府过度干预，与当前倡导的精准扶贫模式产生冲突，也容易导致扶贫模式的僵化。

地区经济社会发展水平在很大程度上由各种政策制度因素决定，政策制度安排的合理与否直接影响着人们的生产生活方式和资源开发方式。贫困源于制度，适宜的制度可以促进人力资源的有效开发，挽回穷人缺失的可行能力和权利。因此，需要建立自然资源资产转让的市场机制，使自然资源资产形成有效配置和投入产出的良性循环。对于民族地区而言，碳交易市场机制中 CDM 项目的开发有利于拓宽融资渠道，引进有利于生态环境保护的先进技术，有利于推进可持续的能源生产与使用方式，增进能源效率和节能，有利于减小气候变化的不利影响，改善经济社会发展的总体环境，提升可持续发展能力。

民族地区生态环境脆弱，生态保护压力大。为保护生态环境，民族地区投入大量的人财物，并且在经济发展上做出了一定的牺牲，但是现有生态补偿机制未能充分保障民族地区的利益，其"益民族"的实施力度还不够。相较于生态资源富集的民族地区所产生的巨大生态正外部价值，政府主导的生态补偿力度与范围还不够。其中，草原、森林、耕地的生态奖补机制日益成熟，但沙漠、流域等的生态补偿机制还不完善。目前实施的若干生态补偿制度具有时限性，补偿的力度有待进一步加大，如最新一期草原生态奖补机制实施期限为 2016—2020 年（中央财政按照每年每亩 7.5 元的测算标准给予禁牧补助，对履行草畜平衡义务的牧民按照每年每亩 2.5 元的测算标准给予草畜平衡奖励）。① 该生态奖补机制面临着禁牧牧民收入减少、牧民生产资料补贴额度不够而后期管护薄弱的问题，到期后继续实施的补助标准没有公布，缺乏后续支撑政策。一些早期的生态补偿措施，已不能适应时代发展的要求。如中央财政森林生态效益补偿措施制定于 2009 年，国有的国家级公益林平均补助标准为每亩每年 5 元，补助标准低；跨区域的横向补偿机制起步较早，但是仍处于试点阶段，在全国范围实施仍有较大困难。

目前生态补偿的资金来源是中央和地方省区的财政，没有按照"谁受益，谁补偿"的原则来实施，经济发达省份的贫困地区可以获得省级财政的生态补贴，但是民族地区由于财力有限，补贴标准低。因此，国家应该继续以

---

① 资料来源：农业部办公厅 财政部办公厅关于印发《新一轮草原生态保护补助奖励政策实施指导意见（2016—2020 年）》的通知。

"谁受益，谁补偿"的原则，创新生态补偿形式，拓展生态补偿的资金来源，扩宽补偿的主体，瞄准受偿的客体，进一步完善生态补偿机制，将"绿水青山"变成"金山银山"。例如，全国首个跨区域林业碳汇项目——河北丰宁千松坝林场碳汇造林一期项目的部分碳减排量，2014 年 12 月 30 日起在北京环境交易所挂牌交易。截至 2015 年 1 月 16 日，累计成交量达 1.5 万余 t，成交均价 38 元/t，成交总额 57 万多元，成为京冀地区利用市场手段开展跨区域生态补偿的一次有益尝试。[1]

笔者认为民族地区有着丰富多样、总量较大的碳交易绿色资源基础，可以通过碳交易来完善生态补偿机制。这是一种市场化的生态补偿机制，可让更多的市场主体（国有企业、民营企业、社会公众、国际组织）参与进来。例如，我国经济发达地区大城市拥有汽车的人，在车辆使用时通过捐资购买"碳补偿"额度，将开车排放的二氧化碳通过捐款植树造林吸收一部分，由中国绿色碳汇基金会负责组织实施造林项目。这样，森林碳汇不仅有改善生态环境、应对气候变化的作用，还能在碳市场上通过交易获得收益。

可通过碳交易市场平台精准地识别生态建设的贡献者与受益者，让民族地区为生态环境保护做出贡献的群众获得资金与技术支持。这种很实在的补偿，不仅能调动他们的积极性，还能为脱贫攻坚注入内生动力，以市场化的形式从根本上解决民族贫困地区经济社会发展与生态环境保护之间的内在冲突，同时解决传统扶贫模式中"扶村"而不"扶户"的问题，实现脱贫致富。

（二）民族地区挖掘生态正外部效益，将碳汇变成扶贫效益的要求

世界上没有无用的物质，只有放错位置的资源。大量的碳排放导致全球气候变化，给人类的生存与发展带来严重危机。面对危机，我们并非束手无策。二氧化碳是放错位置的资源，只要转换思路，二氧化碳也可以和氧气、水、阳光一样，成为人类宝贵的资源和财富。在生态文明建设新时代下将碳汇变成重要资源。中国主要通过开展 CDM 项目进行碳汇交易，促进碳汇资源变成资产。

---

① 碳汇林.北京市首个碳汇造林项目交易成功[EB/OL].(2011-11-10)[2018-03-09].
http://www.carbontree.com.cn/NewsShow.asp? Bid=6206.

目前，中国 CDM 项目分布的行业和领域主要集中在生物质能利用、风电建设、煤层气开发利用、植树造林与碳汇。从地域分布上看，生物质能利用主要分布在东部发达地区，另外三种主要分布在中西部自然资源丰富的地区，且以中西部民族地区、贫困地区的项目居多，见表 7.5。

表 7.5　中国中西部典型 CDM 项目发展概况

CDM 项目类型	编号	项目备案（设计）时间	项目名称	预计温室气体年均减排量（t CO₂e）
风电建设	1	2016 年 3 月 14 日	锡林浩特风能区灰腾梁风电场天和一期 49.3MW 风力发电项目	128605
	2	2016 年 4 月 25 日	克什克腾旗风能区上头地风电场一期 4.9 万 kW 风力发电项目	99784
	3	2016 年 10 月 12 日	新疆风能有限责任公司达坂城风区盐湖风电场一期 4.95 万 kW 风电项目	91904
煤层气开发利用	1	2015 年 11 月 27 日	贵州发耳煤业有限公司发耳煤矿瓦斯发电项目	97564
	2	2016 年 2 月 2 日	贵州盘江煤层气开发利用有限责任公司金佳低浓度瓦斯提纯利用工业化项目	146622
	3	2016 年 3 月 14 日	山西瑞阳煤层气有限公司含氧煤层气（煤矿瓦斯）液化一期 5 万 t/a LNG 项目	442612
	4	2016 年 4 月 28 日	山西新建沙曲矿煤层气综合利用高家山风井低浓度瓦斯发电项目	202447
	5	2016 年 6 月 25 日	重庆松藻瓦斯开发有限公司金鸡岩低浓度煤层气发电项目	201683

续表7.5

CDM项目类型	编号	项目备案（设计）时间	项目名称	预计温室气体年均减排量（t CO_2e）
植树造林与碳汇	1	2016年4月11日	云南省普洱市云南云景林业开发有限公司碳汇造林项目	178268
	2	2016年9月30日	云南省腾冲市森林经营碳汇示范项目	5334
	3	2016年11月3日	江西广昌县碳汇造林项目	100600
	4	2016年11月25日	湖北恩施蒙恩林业（宣恩）发展有限公司2013年度碳汇造林项目	68726
	5	2017年1月4日	广西桂平市碳汇造林项目	181717
	6	2017年1月23日	贵州剑河县碳汇造林项目	255777

目前，中国清洁发展机制项目的开展区域，大多数分布在经济发展较为落后但碳汇资源较丰富的民族地区，它们在创造生态效益的基础上理应得到相应的经济补偿。

碳交易中CDM项目的发展有很多直接和间接的外部效益。以造林再造林项目的发展最为显著，它不仅直接提高森林覆盖率，增加碳汇量，减缓气候变暖，还带来了额外的社会、经济与环境效益。例如，2006年6月30日，全球第一个按《京都议定书》清洁发展机制（CDM）规划的造林再造林项目落户广西。广西环江毛南族自治县兴林营林有限责任公司与生物碳基金托管机构国际复兴开发银行签订了《中国广西珠江流域再造林项目碳减排量购买协议》，标志着中国广西珠江流域再造林项目的正式实施。其主要内容有：营造人工商品用材林18.94万 hm^2；生态林管护11.8万 hm^2；石灰岩地区生物多样性保护；机构能力建设。项目产生的碳减排量将被西班牙和意大利用来履行其在《京都议定书》中的温室气体减排承诺。这是第一个通过再造林活动并计量碳汇实现间接减少碳排放的项目，通过这个项目我们可以研究和探索清洁发展机制林业碳汇项目相关技术和方法，这不仅为我国清洁发展机制中造林再造林碳汇项目摸索经验，带动当地农民就业，促进农民增收，还能保护生物多样性，维持生态平衡。

该项目的实施与建设产生了较好的正外部社会经济效益和环境效益。

经济效益的主要表现：直接经济效益方面，2007—2008 年项目产生碳汇9.1 万 t，获得由世界银行生物碳基金支付的碳汇贸易款 39.68 万美元，预计到 2035 年项目将产生碳汇 77.3 万 t，实现 334.95 万美元的碳汇贸易收入。另外，项目的木材和非木质产品产值可达 2 亿元。间接经济效益方面，大约有5000 个农户受益，总收入可达到 2110 万美元，包括约 1560 万美元的就业收入，350 万美元的木材和非木质产品的销售收入，200 万美元的碳汇销售收入。该清洁发展机制项目还可以间接提供大量就业机会，主要有土地整治、栽植、除草、病虫害防治、采伐和松脂收集等。另外，项目计入期内还将产生 40 个长期工作岗位。环江毛南族自治县项目区内主要是少数民族，就业机会提供给当地的少数民族群众，为他们带来非农收入，就地扩展他们的就业渠道，帮助他们增收致富。当地的生活能源一定程度上依靠薪柴，但该项目不会限制薪柴的收集，反而会提供更高质量、更具持续性的能源给当地农民。此外，当地政府还为建设沼气池的农民提供补贴，示范推广生物质能源，这都将减轻地区薪柴采集的压力。

在清洁发展机制项目中，要求个体、社区、公司和政府之间密切协作，加强沟通，促进项目的实施。通过实施 CDM 项目，当地林业部门、公司和林场为当地社区人们组织培训，帮助他们了解、评估执行 CDM 项目活动中遇到的各种问题，包括良种和苗木选择、苗圃管理、整地、造林模式和病虫害综合防治等，提高农民的生产技能和文化素质。由于环江县的造林均为村集体所有，因此增加的收入由集体成员共享；项目开展获得的经验和技术，还被推广到其他民族地区。

环境效益主要表现在造林和再造林的 CDM 项目保护了当地的生物多样性，维持了自然生态系统的稳定。项目区是珍稀濒危野生动植物的重要栖息地，这使得该项目产生重大的生物多样性保护正外部效益；该项目提供生物活动走廊带，促进基因流动，提高物种种群的生存能力；恢复林带间的连通性，增加受保护森林的面积，改良未受保护物种的状况；马尾松等树种为灵长类和其他野生动物提供更多的果实、种子和树叶等类食物；为社区提供薪柴，减少砍伐，保护生物多样性；为鸟类、哺乳动物和蛇的迁徙提供良好的生态环境；通过生态环境修复，改进候鸟的生存环境。环江县的项目地点是鸟类的迁徙过往地，林木生长起来将成为鸟类栖息或停留地；当地群众因项目发展而增收，将会减少人为因素的生物多样性破坏，如减少偷猎、盗伐等，这些将有利于保持水土，维护生态民稳定。

本书认为，民族地区以 CDM 项目的形式参与碳交易很有必要，案例中造林再造林项目的发展不仅直接提高森林覆盖率，增加碳汇量，还可以减缓气候变暖，带来额外的社会效益、经济效益与环境效益，CDM 项目发展的正外部效应明显。民族地区造林再造林项目为外出打工难、本地就业难的少数民族群众提供就地就业的岗位，有利于贫困群众可行能力的培育和完善，为他们脱贫致富开辟新的道路。

从 2006 年中国第一个 CDM 项目广西环江县造林再造林开始，截至 2017 年 5 月 31 日，已获得 CERs 签发的中国 CDM 项目 1550 个，总计 CERs 签发量为 1035830311t CO_2e。这 11 年间总计获得的 CERs 签发量超过 10 亿 t CO_2e，市场价值巨大。该项目若被碳排放量大的限排企业或者发达国家购买，将会有大量的资金流入项目开发地。与此同时，还可以引入先进的技术与管理方式。这将为民族地区的发展注入新的市场活力，充分体现出生态环境保护的正外部价值。

（三）民族地区减小碳排放负外部效应，共享资源开发利益的要求

改善民族地区的自然生态环境，维护少数民族的自然生态利益，是关系民族团结和社会稳定的大事。在传统资源开发和利益分享模式下，资源开发地居民利益得不到应有的保障，并没有因为资源开发而富裕，反而因为其负外部性影响，面临生产生活困境。

国外资源丰富的国家资源开发利益共享的经验是，资源产权属于国有，即全体公民共享。但是在实际操作中，资源所在地的直接收益明显大于其他地区，在资源丰富时期这一问题更加突出，而资源产权的属性使其他地区的民众均等享受资源收益有一定的依据。在国外关于资源开发利益共享的案例中，澳大利亚的矿产资源实行有偿开发，缴纳税费。开采前，需要向土地及道路所有者或当地政府缴纳补偿费，开采时，要缴纳资源税（给州政府）和企业税（给联邦政府），采矿利益在社区和公民间公平合理分配，不仅能保障资源采出率、规范矿产资源开发秩序，还能协调企业、地方政府和社区公众三者之间的关系，促进创收，拓展收入来源，增加就业，发展采矿业上下游

产业和服务活动。①

民族地区矿产资源、水电资源开发利用，既带来利益，同时也会造成环境、生态、移民等一系列的负外部性问题。这需要从民族地区资源开发特点、路径、方法等方面认识资源开发与利益冲突的内在实质，解决民族地区资源开发中的利益不公平问题。张金麟（2007）认为，由于资源开发过程中的制度问题，区域资源开发在促进地方 GDP 增长、为国民经济建设做出贡献的同时，农民利益却得不到应有的保障，农民收入增长缓慢、生存环境恶化、生活质量下降、长远利益无法保障。要实现共同富裕，关键是进行资源开发的制度创新。② 因此，促进利益公平分配与实行责任共担的制度，对于民族地区分享利益与绿色奔小康具有重要的现实意义。

碳排放权交易制度是一种市场化的资源开发利益分享与责任共担新制度，理应发挥重要作用。碳交易有利于激发民族地区清洁能源项目发展的积极性，挖掘清洁能源项目发展的综合效益。民族地区清洁能源资源丰富，项目发展的资源基础好，碳减排潜力大。下文以民族八省区风力发电、光伏发电为例进行说明。

在风力发电方面。2016 年，全国风电发展势头良好，新增风电装机 1930 万 kW，累计并网装机容量达到 1.49 亿 kW，占全部发电装机容量的 9%，风电发电量 2410 亿 kW·h，占全部发电量的 4%。其中，民族八省区新增并网容量 747 万 kW，占全国的 38.7%，累计并网容量 6511 万 kW，占全国的 43.8%，发电量 1039.1 亿 kW·h，占全国的 43.1%。中西部民族地区风力发电在全国的占比高，风电的增长势头猛。

在光伏发电方面。截至 2016 年底，中国光伏发电新增装机容量 3454 万 kW，累计装机容量 7742 万 kW，新增和累计装机容量均为全球第一。其中，光伏电站累计装机容量 6710 万 kW，分布式累计装机容量 1032 万 kW。全年发电量 662 亿 kW·h，占中国全年总发电量的 1%。③ 根据统计，民族八省区光伏发电新增装机容量 1022 万 kW，占全国的 29.6%，累计装机容量 3012 万 kW，

① 国务院发展研究中心澳大利亚矿业管理考察团.澳大利亚的矿业管理及其启示[J].国土资源导刊,2009（4）:40-43.

② 张金麟.区域资源开发中当地居民利益的保障问题[J].经济问题探索,2007(7):47-51.

③ 张子瑞.我国加速驶向清洁能源时代[N].中国能源报,2017-03-06(2).

占全国的 38.9％。

通过碳交易，发达地区给予民族地区发展清洁能源项目的资金、技术与现代管理方式的支持。碳交易机制下，企业要想进行正常生产经营，首先要获得足够的碳排放权许可，而这种许可只能通过政府分配碳配额或者从碳交易市场上购买获得。碳排放额被看作一种商品，其价格主要由市场供求决定，如果企业排放的二氧化碳超出了其排放许可，就会依据碳配额的价格受到相应的碳惩罚。目前，中国能源利用整体效率不高，减排技术水平低，减排空间大。因此，企业可以通过增加技术投资、改进生产工艺或者采取其他减排措施达到碳减排目标。发达地区在实行碳排放权交易的情况下，资金将会从高碳的企业、高碳的行业向低碳的企业、低碳的行业转移，这将有利于产业、产品结构的调整，有利于民族地区吸纳与此相关的产业。以前，企业在完成减排任务后，往往会缺少进一步减排的动力，而在实行碳排放权交易的情况下，由于企业的投入可以通过市场上的碳交易得到回报，这样可提高企业技术革新和节能减排的可持续动力。

总之，企业通过碳市场分析建立外部性市场要素，可为解决外部性问题提供理论指导。市场经济的外部性因素造成二氧化碳大量排放，导致以生态系统衰退为主体的生态资本质量下降和数量减少。但是市场经济不能自发地引导资源流向这些部门，政策性市场通过赋予生态资本经济价值，使市场经济主体的生产成本差异化，利用市场再分配资源，从而解决市场经济的外部性问题。这就需要通过另外一个"政府创造，市场运作"的制度市场——碳市场来解决上述问题。

新制度经济学认为：真正决定增长的是制度。民族地区十分需要利用当前国内外有利的宏观环境和政策制度支持，依托碳交易市场，同时结合自身的自然资源禀赋优势，加快推动碳交易三大减排机制中的 CDM 项目发展，充分发挥 CDM 项目优势，吸纳更多资金和技术，[①] 创造更多就业机会，服务于民族地区经济与社会发展，促进更多少数民族群众可行能力的提升、收入的增加，从而摆脱碳贫困。这样不仅可以保障少数民族群众的利益，改善他们

---

① 清洁发展机制项目所获得的技术是以使用该技术得到的经核证温室气体减排量作为交换，集中于温室气体减排技术。"源"技术集中在环境友好的能源技术上，"汇"技术集中在温室气体封存和固存技术上。后者如造林或再造林技术以及二氧化碳注入采油技术。

的生产生活环境，促进民族地区人口、资源与环境的协调发展，提高生活质量，还可以进一步促进我国的民族团结，实现各民族共同繁荣。

六、民族地区参与碳交易的实践与案例

（一）民族地区参与碳交易的实践探索

党的十八届三中全会通过的《中共中央关于全面深化改革若干重大问题的决定》明确提出：推行碳排放权交易制度，建立吸引社会资本投入生态环境保护的市场化机制。碳交易机制发挥市场对节能减排资源的基础性配置作用，碳交易和碳市场形成了碳减排的价格信号，指导减排实体进行减排资源的经济效益核算，有效配置减排资源，选择最有效的减排途径。[①] 中国建立碳排放权交易制度应重点考虑区域发展的不平衡问题，其顶层设计应结合国家主体功能区划，结合生态补偿机制，逐步推进。要实现这个目标，关键是要找准路子、构建好的体制机制。因此，民族地区参与碳交易的关键是在建立碳交易制度的基础上开展 CDM 项目建设，采用相对成熟的技术保证 CDM 项目高效稳定运行，保证项目的寿命期，产生足够量的 CER，实现项目收益的可持续。

民族地区要加强 CDM 项目建设。如前文所述，CDM 项目是发展中国家与发达国家开展碳交易的主要方式（图 7.4）[②]，CDM 项目既解决了发达国家减排成本过高的问题，也有助于解决发展中国家资金、技术等发展资源要素不足的问题。

在我国不断优化能源结构、推动经济发展方式转型的新形势下，清洁生产是人类发展历史上的重要跨越，是推动传统工业文明向生态文明转变的重要力量，是从"人类至上"向"众生平等"转化的关键一步，是整个人类社会进步的标志。[③] 民族地区能源结构和经济结构调整的挑战与机遇并存。在发

---

① 杨永杰,王力琼,邓家姝.碳市场研究[M].成都:西南交通大学出版社,2011.

② 董恒宇,云锦凤,王国钟.碳汇概要[M].北京:科学出版社,2012.

③ 李俊杰,李波,段世德,等.武汉市清洁生产模式及应用研究[M].北京:科学出版社,2015.

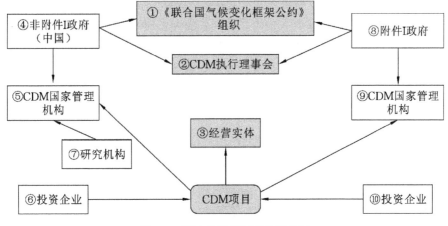

图7.4　清洁发展机制操作框架图

展低碳经济、开拓新能源与实现清洁生产方面，与发达地区相比，民族地区的碳减排空间巨大，碳减排潜力也大。[①] 民族地区参与碳交易的基本思路是以CDM项目建设为核心，开展节能减排与生态保护活动，借助碳交易平台以获得发展的资金与技术支持，加强自身CDM项目发展能力建设。民族地区要全面把握全国碳市场处于初期阶段的特征，把"初步框架立起来，基本规则建起来"，坚持先易后难原则，避免定位过高，欲速则不达。因此，民族地区参与碳交易应坚持以下四个基本原则：

一是坚持市场导向，政府服务，充分发挥市场对资源配置的决定性作用。政府负责按规定分配配额，至于如何交易、价格如何，则遵循市场规律。

二是坚持先易后难，循序渐进。从比较成熟的行业（户用沼气、煤层气开发、林业碳汇）开始，在碳交易系统保持稳定的基础上，拓展交易品种和交易方式。

三是坚持协调协同，广泛参与，广泛合作。调动政府、企业、社会公众各主体参与碳交易的积极性，共同完善碳市场。

四是坚持统一标准，公平公开，统一市场准入与规范。构建有利于公平

---

① 碳减排项目合作机制能成功实施的根本前提是项目实施主体之间的减排成本差异，并在某些方面具有一定互补性。与东部地区相比，我国西部地区面积大，但由于地理位置偏远、基础设施不完善、技术落后，能源利用效率低，对外吸纳能力较弱，总体上仍然属于资源型经济；而东部地区具有丰厚的资金和先进的技术。

竞争的市场环境，准确及时披露市场信息，全面接受社会监督。

在参与碳交易的实践方面，民族地区要参与 CDM 项目合作，国家层面就必须先设立相应的机构，建立统一的碳排放权交易市场（2017 年 12 月，全国碳排放权交易市场建设方案在发电行业率先取得突破），为买卖双方提供一个公平、公正、公开的对话机制。当前，民族地区还没有设立这类机构的基础和条件。因此，民族地区可以借助已建立的碳排放交易中心（环境交易所）这个平台开展碳交易。其主要作用在于：①价格发现，优化资源配置。通过交易平台使交易价格公开透明，让碳价及时反馈给买卖双方，允许多方竞价使价格准确、透明。②金融属性，推动金融创新。

在参与碳交易的具体操作层面，民族地区要加强 CDM 项目的知识培训与开发的能力建设。主要包括五个方面：

第一，在碳交易领域广泛开展与 CDM 项目筛选、开发与管理相关的培训活动，重视人才队伍建设，提高项目开发领域相关人员的能力。

第二，提高国家级相关单位应用 CDM 基准线方法学习开发 CDM 项目的能力，包括直接从事 CDM 项目开发的单位和为 CDM 项目开发提供技术单位的能力。

第三，在项目的示范省份针对政府官员和研究机构人员开展培训，提高他们识别和开发生物质能 CDM 项目的能力。

第四，针对 CDM 项目开发成本高的问题，将单个 CDM 项目开发经济效益低、市场开发潜力小的清洁技术，以规划实施的形式，把实施主体由点扩展到面，形成规模效益，降低交易费用。

第五，提供专业的 CDM 咨询服务。CDM 项目下的碳减排是一种虚拟产品，开发程序和交易规则复杂，只有专业的机构具备开发和执行能力。应提供中介机构的分析、评估、规避项目风险等方面的咨询服务，降低相关的咨询服务费用。此外，民族地区政府要为 CDM 提供资金和技术支持，争取金融机构的支持，给予碳交易更大的发展支持。

民族地区参与碳交易的实践，应具体到碳交易 CDM 项目的开发方面。

（1）CDM 项目开发前：加强对企业、群众、政府部门的宣传与培训，提高公众对碳减排、碳汇与碳交易的认知度。打牢碳交易 CDM 项目发展的群众基础，加强政府、企业与社会公众对碳交易的认识。依托专业的 CDM 开发机构（中国绿色碳基金等）运作项目，激发企业参与碳交易。碳交易是一种市场机制，应该以企业为主，但是民族地区市场化程度低，经济社会发展总体落后，民族地区 CDM 项目的开发与包装、碳交易制度的设计中政府部门应该承担更大的责任。

（2）CDM 项目开发中：对民族地区的碳汇种类、碳减排方式进行分类，并进行相关的测度，界定与明晰产权。CDM 项目的识别、设计、认证、注册、审定等程序复杂，开发周期长，交易成本高，企业要加强 CDM 项目专业技术与知识的学习，促进碳交易主体的转变（现行的独立企业实体向碳排放交易中心转变）。[①] 为解决 CDM 项目发展中的资金问题，应以企业筹集、政府协助为主（CDM 项目投资周期长，成本高，价格变动风险大，迫切需要有多样化的市场资金来支撑，也需要政府相关政策的支持，为企业 CDM 项目的申报、认定提供服务）。要充分发挥碳交易市场为减排企业服务、有效应对温室气体减排的功能。激发市场主体的参与热情，扩大碳交易市场规模，并在公平、公正和透明的环境下形成合理的价格，挖掘与发挥碳配额的金融属性，引导碳资源的优化配置。

（3）CDM 项目开发后：以解决 CDM 项目的可持续发展问题为主体，提升碳交易的成功率与效益。做好碳减排与碳汇的监测工作，保障项目稳定与可持续发展，开展碳交易收益分配的改革，改革利益的平均分配为集中使用。

积极应对 CDM 项目开发后的财务和其他风险，在发挥企业的主体作用时政府也要合理监管，构建优良的碳交易合作环境，为与发达国家开展 CDM 项目合作提供政策支持。民族地区碳潜力大，碳汇种类多样，因此要不断丰富碳交易项目内容，CDM 项目中的碳汇交易可以从森林碳汇扩展到草地碳汇、耕地碳汇、湿地碳汇、海洋碳汇等领域。同时，碳汇交易也要从现货交易延伸到期货交易。

（二）民族地区参与碳交易的成功案例

民族地区能源资源富集，如西藏、新疆、青海、宁夏、内蒙古等具备

---

① 例如，民族地区的农业碳汇交易中碳交易机构与农村专业合作组织之间，主要是专业合作组织负责将农民组织起来，帮助有意愿实施碳汇农业技术的农民签订合同，并将其减排的温室气体指标集合在碳交易机构出售；农村专业合作组织与农户之间，主要是专业合作组织通过订单机制与愿意提供碳汇的农民签署合同，然后将集中销售碳减排量的利润按签订的合同返回给农民，以发掘资源，提升效率，开拓新市场，促使碳交易价格的稳定，让参与碳交易的农民得到实惠。

地热、风能、太阳能等清洁能源的天然优势。例如西藏羊八井地热电站是中国最大的地热电站，新疆达坂城风力发电厂是中国最大的风能基地，青海光热电力集团格尔木 200MW 塔式光热发电项目是中国单体最大的太阳能塔式电站。但是这些地区区域发展总体落后，基础设施建设滞后，生态脆弱，产业发展表现出高能耗、高污染、高排放和低减排成本的特点。因此，民族地区减排潜力大，减排资源丰富，为民族地区参与碳交易奠定了坚实的基础。

案例一：以内蒙古为例

西部大开发以来，内蒙古作为我国北部边疆少数民族地区，通过实施"富民与强区并重，富民优先"的发展战略，促进了地区经济社会的快速发展，人民生活水平的提高。但是，由于历史、社会、自然条件等原因，与东部发达地区相比，内蒙古经济发展水平相对落后，贫困问题依然突出。内蒙古的经济社会发展现状与资源禀赋适合开展以 CDM 项目为基础的碳交易。

内蒙古的资源禀赋（煤炭资源丰富；风能、太阳能资源丰富；草地资源丰富）确定了其既是碳源大区又是碳汇大区。

一方面，内蒙古"发展排放"的特征明显：高碳能源占据主导地位，全区一次能源消费中 90% 以上是煤炭，高出全国平均水平 20%；清洁发展水平偏低，全区万元 GDP 排放约 4.9t 二氧化碳，接近全国平均水平的 2.5 倍。另一方面，内蒙古也是碳汇大区，全区有 13 亿亩天然草原，固碳能力为 1.3 亿 t，相当于碳减排 6 亿 t；根据全区第七次森林资源清查，林地面积 4398.89 万 hm^2，其中森林面积 2487.90 万 hm^2，均居全国第一位。全区森林植被总生物量 16.09 亿 t，总碳储量 8.05 亿 t，年涵养水源量 358.8 亿 m^3。森林面积、蓄积持续"双增长"，造林与再造林的潜力巨大，从东到西分布着大兴安岭原始林区和 11 片次生林区以及长期建设形成的人工林区，碳汇效益比草原更好；内蒙古还有 5.6 亿亩可利用的荒漠化土地，可以种树 1.2 亿亩、种草 2.8 亿亩，可实现碳汇 12 亿 t。

内蒙古也是减碳潜力大区，全区风能资源总储量近 9 亿 kW，居全国首位，大多数盟（市）具备建设百万千瓦甚至千万千瓦级风电场的条件；年日照时间为 2600～3200h，居全国第二位，太阳能基地建设的条件好。内蒙古在压缩碳源的同时大力扩充碳汇，保证碳平衡的基础上实现净固碳，加快促进经济发展与碳排放脱钩。①

内蒙古在解决环境与发展问题方面走在了全国前列，开展了碳交易的国际合作。2001 年 11 月，为促进《京都议定书》早日生效，荷兰政府启动了温室气体购买项目（CERUPT）②，其目标是采用 2001 年马拉喀什第七次缔约方会议上制定的清洁发展机制文件的模式，在全球范围内采购 300 万单位温室气体。其中，亚洲最大的风力发电厂内蒙古辉腾锡勒风电场 CERUPT 项目中标，这是民族地区第一个也是我国第一个按照清洁发展机制运作方式实施的温室气体减排项目，合同的合约方为内蒙古风电能源有限公司和荷兰政府的住宅、空间规划及环境部。

风电是一种可再生的清洁能源。辉腾锡勒风电场位于内蒙古自治区乌兰察布盟察哈尔右翼中旗，海拔 2000～2130m，拥有丰富的风力资源。项目总装机容量为 34.5MW，2001 年安装 9 台单机容量为 600kW 机组，另外 10 台 600kW 机组于 2002 年安装并投入运行，最后的机组建设于 2003 年 9 月。预计该 CDM 项目年平均二氧化碳减排量为 60024.8t，减排量计入期为 10a，故总减排量信用额为 600248t。该项目已被荷兰政府选中，作为碳信用额的供应方。荷兰政府和中国政府于 2002 年下半年就该 CERUPT 项目签订合同。投资方将购买项目产生的全部二氧化碳减排量，并拥有多余减排量的优先购买权。按照合同，CERs 的支付价格定为 5.4 欧元/吨二氧化碳，回收资金总计约 3241339.2 欧元。③

案例二：以青海省为例

青海省是青藏高原重要的生态安全屏障，该省大力发展绿色经济，提高经济增长的绿化度。2013 年 11 月 5 日，中国西部首单生态补偿碳交易项目——三江源/青海湖牧区分户式太阳能碳权开发暨碳

---

① 李睿劼.民族地区发展低碳经济路在何方(机遇篇)[N].中国民族报,2009-12-18(5).

② 荷兰是国际上第一个建立专用购买 CER 公共基金的国家。荷兰政府的住宅、空间规划及环境部是荷兰 CDM 项目的执行单位，即国家 CDM 主管机构(DNA)。

③ 吕学都,刘德顺.清洁发展机制在中国[M].北京:清华大学出版社,2004.

交易挂牌仪式在青海环境能源交易中心举行。这标志着西部第一单自愿减排碳交易项目、三江源地区首单生态补偿碳交易项目、西部地区首次运用碳交易完成可持续气候融资在青海省成功交易和实施，为三江源及类似生物特征地区生态文明建设提供了借鉴。

中国兴业太阳能技术控股有限公司购买碳减排指标100t，完成首单交易。大连尤兰特德投资咨询有限公司、远东低碳能源交易公司等公司也成功购买了碳减排指标。这些企业通过碳交易的形式不仅抵消了自身的碳排放量，提升了企业的形象，履行了社会责任，还为三江源的生态保护和生态补偿做出了贡献，将进一步推动青海省广大牧区的可持续发展。

民族地区要发挥生态优势，青海省正在打造绿色发展的特色品牌。该项目从减缓气候变化的角度出发，由青海省环境能源交易中心开发，在青海省海北州那仁湿地社区、玉树州囊谦县毛庄乡和曲麻莱县多秀村三个社区，合计开发600户牧民分户式太阳能设备的碳减排量，并由TUV南德意志集团进行碳减排量的第三方核证，按年度计算2008—2023年间每个社区因使用太阳能新能源后产生的碳减排量；运用柴达木无机盐大宗商品交易所公平、公开、公正的交易平台，将开发出的二氧化碳减排量指标挂牌销售；最终将碳减排指标销售获得的收益在地方政府的支持下，分别返还给三个社区的牧民。其中，那仁社区分户式太阳能设备安装及碳减排指标开发获得了联合国开发计划署/全球环境基金小额赠款项目（UNDP/GEF SGP）的赠款支持。①

青海省太阳能新能源碳减排项目不仅使项目开展地的农牧民获得了碳减排收入，还改善了农牧民的生活居住环境，有助于农牧民生活质量的提升，项目兼具经济效益与社会效益。

民族地区不仅可以利用独特而富集的资源发展生态经济，还可以充分利用清洁能源（地热、风能、太阳能等），开展CDM项目建设。民族地区参与碳交易可以获取经济社会发展的资金与技术，带动产业结构调整，加大基础

---

① 罗连军.西部首单生态补偿碳交易项目在我省成功交易[N].青海日报,2013-11-07(1).

设施建设力度，改善生态环境，促进生态建设，获取资源开发利用与生态环境保护的利益。相较于目前以政府为主导的生态补偿模式，碳交易中发展CDM 项目不仅可以实现生态补偿的市场化，让生态补偿的参与主体多元化，还可以通过项目的建设让生态服务的提供主体获得收益，提高他们的可行能力，特别是为民族地区贫困人口的就业和增收拓展渠道，为民族地区可持续性脱贫开辟新的道路。

七、民族地区参与碳交易存在的问题：基于湖北恩施州的调研个案

"没有调查就没有发言权"，对于问题的发现与认识更需要调研。在民族地区碳贫困问题中，六盘水市灰碳贫困中参与碳交易的主要是煤层气的抽采与碳减排。然而，此类项目资金投入量大，专业技术要求高，因此，普通群众的参与面极小。基于此，本章节通过绿碳贫困中恩施州农民参与度高、应用广泛、"亲民性"、"益民性"特征明显的户用沼气与碳汇林项目为例，以实地调研的形式，从一个侧面反映民族地区参与碳交易存在的问题。

我们通过在恩施州政府服务部门（生态能源局、乡镇农业技术服务中心、林业局）与分管相关工作的负责人开展访谈，与企业负责人访谈进行调研。在乡村做问卷调研时，与乡村"能人"访谈，以了解、认识、反思民族地区CDM 项目建设、碳交易中存在的问题。

下文将结合访谈与调研问卷，从户用沼气与碳汇林两个 CDM 项目建设方面展现恩施州参与碳交易存在的问题。问卷的基本内容与格式参考中国清洁发展机制网上公示的清洁发展机制项目设计文件（PDD），问卷形成于 2017年 11—12 月，户用沼气的问卷主要发放给恩施市三岔镇，林业碳汇的问卷主要发放给宣恩县铜锣坪村和卧西坪村。有关户用沼气的问卷回收 105 份，其中有效问卷 101 份；有关林业碳汇的调研问卷回收 100 份，其中有效问卷96 份。

问卷调研对象的基本情况。在户用沼气利益相关者项目认知度调研问卷中，男性占 93.1％、女性占 6.9％；年龄在 20～30 岁的占 5.9％、30～50 岁的占 49.5％、50 岁以上的占 44.6 ％；文化程度，初中及以下占 53.5％、高中占44.6％、大专及以上占 1.9％；建档立卡贫困户占 10.9％。户用沼气的建设年代

集中在 2002—2007 年。在碳汇林利益相关者项目认知度调研问卷中，男性占 57.3%，女性占 42.7%；年龄在 20～30 岁的占 11.4%、30～50 岁的占 48%、50 岁以上的占 40.6%；文化程度，初中及以下占 65.6%、高中占 17.7%、大专及以上占 16.7%；建档立卡贫困户占 40.6%。问卷调研结果见表 7.6 和表 7.7。

表 7.6　户用沼气利益相关者项目认知度问卷调研结果

问题	答案	占比
您家建造沼气池的动机是什么？	自发建造	12.9%
	政府发动	83.2%
	方便种植养殖业	3.9%
您是否支持户用沼气项目的建设？	是	97%
	否	3%
您是否能够承担户用沼气池建设的所有费用？	是	69.3%
	否	30.7%
您建设沼气池是否获得过政府的项目补助？	是	96%
	否	4%
户用沼气是否给您的生活带来了方便？	是	94%
	否	6%
若是，户用沼气给您生活带来的便利有？（可多选）	清洁燃料	77.2%
	方便牲畜排泄物处理	82.2%
	为农作物提供有机肥	42.6%
	发展循环农业	21.8%
您认为户用沼气对于发展循环农业的作用大吗？	大	52.5%
	不大	47.5%
您是否了解户用沼气项目能够减少碳排放带来环保效益？	是	31.7%
	否	68.3%
您是否知道或了解一点碳汇交易？	是	7.9%
	否	92.1%
您是否了解建设与使用户用沼气可以获得碳交易的收益？	是	4%
	否	96%

续表7.6

问题	答案	占比
当地政府是否给您家发放过户用沼气碳交易的收益？	是	7.9%
	否	92.1%
当地政府是否向群众宣传介绍了户用沼气项目建设、沼气使用与管理的知识？	是	95%
	否	5%
您是否支持碳汇项目申报成为碳资产项目？	是	82.2%
	否	17.8%
您对户用沼气项目的实施有何意见？（可多选）	各户分散使用，效率不高	7.9%
	需要养牲畜，劳动强度大	31.7%
	沼气液废渣处理难	59.4%
	政府补助与支持的力度还不够	40.6%
	获得环保效益的收益	37.6%

表 7.7　碳汇林利益相关者项目认知度问卷调研结果

问题	答案	占比
您是否了解气候变化与林业碳汇？	是	27.1%
	否	34.4%
	知道一点点	38.5%
您是否参加了碳汇造林活动？	是	51%
	否	49%
您是否认为造林项目的实施会给当地的经济发展带来积极影响？	是	55.2%
	否	18.6%
	不清楚	26.2%
您是否认为造林项目会给当地的就业带来积极影响？	是	30.2%
	否	38.6%
	不清楚	31.2%
您是否支持碳汇造林项目的实施？	是	87.5%
	否	12.5%

续表7.7

问题	答案	占比
对碳汇造林项目,您最关心哪方面效益?	经济效益	24%
	社会效益	52.1%
	环境效益	28.1%
	其他	2%
您认为碳汇造林项目的实施对周边居民是否有益?	是	67.7%
	否	32.3%
您是否知道或了解一点碳汇交易?	是	51%
	否	49%
若了解碳汇交易,您最关注哪方面?	交易价格	22.4%
	尽快实现交易	53.1%
	获得更多碳汇量再交易	24.5%
碳汇造林项目是否对公众开展了应对气候变化知识的普及宣传工作?	是	43.8%
	否	56.2%
您是否支持碳汇项目申报成为碳资产项目?	是	66.7%
	否	33.3%
您对碳汇造林项目的实施有何意见?(可多选)	无意见,支持碳汇造林	25%
	加强后期经营管理,预防火灾和病虫害	53%
	促进当地林农增收	28.1%
	尽快交易,变现,实现增收	29.2%

　　恩施州碳交易 CDM 项目发展的问卷分析。户用沼气发展中沼气池的建造以政府发动为主的占 83.2%,碳汇林以造林企业发动为主。[①] 97% 的农户支持户用沼气项目建设,基本上都获得了政府的项目补助（每户补助 2000 元或者等额建筑材料）。户用沼气的使用给农户的生产生活带来了方便,改善了生活居住环境。在减少生活支出方面,主要体现在农民获得清洁燃料,方便牲畜

──────────

　　① 根据调研,除企业造林外,在政府方面,乡镇政府每年都有各自的造林指标任务,多为公益性的。

排泄物的处理。农民对碳交易以及户用沼气碳减排的环保效益认知度不高（低于10％），获得户用沼气碳交易收益的农户不多，收益额也不高（户均50～100元）。当地政府向农户宣传介绍了户用沼气的使用与管理知识，农户基本上都了解并能熟练地使用沼气（厨房张贴了沼气使用方法图，易学易懂）。多数农户支持户用沼气碳交易。根据调研，户用沼气使用中存在的困难主要有：沼气液废渣处理难，后续服务中政府方面的支持力度不够，灶具中的部分零配件容易坏；大量农村劳动力外出务工，农户家庭中缺劳力，牲畜养殖难，养殖断档等；在已建设沼池的农户中，有30％左右的农户因种植养殖结构调整，外出务工或者没有养牲畜而未使用；沼气在夏天用不完，冬天不够用；因部分农户土地被流转，废弃的沼液沼渣无去处；等等。

调研户对于气候变化与林业碳汇的了解不多（仅27.1％），87.5％的调研对象支持碳汇造林项目，最关注项目的社会效益（带动农村基础设施建设，促进农民就业、增收），有半数的农户参加了碳汇造林活动，55.2％的人认为碳汇造林对当地经济发展带来积极影响，主要是带动就业。近半数的人了解林业碳汇交易，他们最关心的是尽快交易，获得碳汇交易的收益。66.7％的调研对象支持碳汇项目申报成为碳资产项目，在碳汇造林项目中最关注的是加强后期经营管理，预防火灾和病虫害。

从调研问卷看，恩施州CDM项目发展对农民增收的正外部影响有：土地流转收入（300～500元/亩），林地流转收入（15元/亩），参与采茶的农户在每年的采茶季可以获得收入1000多元，采药材（厚朴皮）可获得少许收入，使用沼气可节省砍柴的劳动力消耗。

综合访谈调研和问卷调研发现，恩施州有关碳汇、碳减排的碳交易项目能够获得备案并实现碳交易的并不多[①]，以户用沼气碳减排和碳汇林为代表的CDM项目参与碳交易还存在不少困难与问题。

第一，户用沼气发展中碳减排的可持续实现难，碳汇造林企业的可持续发展难，影响林业碳汇交易的实现。恩施州适宜建造沼气工程的区域逐渐减少，因农业结构调整、城镇化建设，大量农村劳动力外出务工[②]，牲畜养殖困

---

① 恩施州在国家发展改革委备案的项目共有16个。其中，4个项目参与湖北碳市场交易及履约。

② 根据调研，宣恩县近些年的总人口保持在36万人左右，每年有8万～10万人外出务工。晓关侗族乡铜锣坪村2016年全村总人口为979人，劳动力有464人，外出务工的就有190人。

难，沼气池的清理困难，维修与相关服务做得还不够好，导致沼气使用率下降，从而影响户用沼气的碳减排量以及碳减排可持续的实现。在碳汇造林方面，根据调研，宣恩县蒙恩林业公司 2012—2016 年总投入 5000 万元用于碳汇林建设，实现荒山到林地的转变，为实现林业碳汇交易，投入大量资金与精力，但是林业碳汇交易的收益仍未实现，林业市场行情又不好，公司经营状况不佳，资金周转困难。其中的一个重要原因是林业企业作为碳交易市场最重要的参与主体，还不熟悉碳交易市场的基本原理和制度规则，对于林业碳汇交易的认识不够，专业知识缺乏，以至于关键项目遭遇发展瓶颈。

第二，碳交易中 CDM 项目开发的周期长，交易成本高，专业性强。根据调研，恩施州从 2009—2014 年末共开展了六期户用沼气碳交易，每期的交易基本维持在 5 万 t CO_2e，户用沼气 CDM 项目的设计、申报、审核、备案、实施、监测、减排量核证、减排量签发，以及后续服务工作量大，程序复杂，要求严格，项目运行的成本高。[①] 交易过程中支付的项目注册费用比较高，大于 5 万 t CO_2e 且小于 10t CO_2e 的注册费用为 1.5 万美元。户用沼气碳交易的交易成本高。在碳汇交易方面，林业碳汇的开发包括项目设计、审定、备案、实施、碳汇量测量、减排量核证、减排量签发等一系列流程，涉及多方经济利益主体，要严格遵循我国发布的林业政策项目方法学，评估审核环节基本贯穿项目整个周期，项目周期较长，交易成本高。[②] 根据调研，蒙恩林业的碳汇林项目是严格按照造林的技术标准和操作规程进行，人工费用高，造林成本高（荒山造林的总成本为每亩 1000 元），造林所需的土地流转难[③]，并且对于造林前的土地类型、荒山荒地的认定存在实际情况与登记内容不符的情况，导致林业碳汇交易项目申报材料不符合有关要求，最终林业碳汇交易难以实现。因此，林业碳汇交易中企业在投入大量资金造林，进行碳交易申报时，还存在着项目申报失败的风险。

---

① CDM 运作复杂，一个成功的清洁发展机制项目从申请到最后获得成功的周期长，一般在一年以上。

② 根据蒙恩林业的调研，林业碳汇项目的认定，由第三方机构完成，认定费用 5 万元。

③ 根据调研，农民受小农思想的桎梏，小农经济根深蒂固，不愿意放弃小块农地上种植粮食的传统生计方式。林业公司要发展碳汇林项目，必须先获得足够的林地或者土地，由于集体林地已"分山到户"，集体土地已"分田到户"，农村的林地、土地碎片化，林业公司土地流转的难度大、成本高。因此，农民缺乏积极性。

第三，地方政府对 CDM 项目发展与碳交易的认知度不高，群众基础也不牢固。政府部门在发展 CDM 项目以及碳交易方面的意识不强，认识不够，专业技术人才缺乏，留人难，用人难。农民对户用沼气和林业碳汇的碳交易并不了解，收益也不多，对于碳交易的认知度不高，群众基础还不牢固。根据调研，农民对于造林与再造林能够获取碳交易的收益认知度不高，大多数农民表示不了解，也没有获得碳交易的直接收益。虽然碳汇林的生态效益较好，但是造林初期的经济效益难以体现，农民对于项目的接纳度还不高。碳汇林发展中，造林企业与地方政府的合作还比较欠缺（造林业务方面没有交集，各自完成各自的造林任务）。

以上是基于恩施州的调研个案分析得出的民族地区参与碳交易存在的问题。综合前文有关碳交易的论述，结合我国碳交易的发展状况及民族地区灰碳贫困与绿碳贫困的发展实际，本书认为，民族地区参与碳交易还存在着一些普遍性的问题。例如，民族地区资源开发与生态保护，对经济社会和人的发展外部性影响较大，然而地方发展的政策制度过于僵化，思想意识固化，过度依赖中央政策的支持，创新意识不强，市场机制发挥不充分，资源优化配置的效率不高；民族地区产业结构单一，能源利用效率不高，碳排放量在增加，碳减排的压力依然较大；民族地区多处于生态功能区，地域广阔，生态环境脆弱，生态建设的任务重，周期长，地方发展受限，投入与收益不对等，权利与义务不对等，生态补偿力度不够，补偿机制不完善，碳汇资源变资产难；碳交易潜在项目多，但是项目申报审批的程序复杂，开发成本高，方法复杂，开发周期长，开发所需的时间与资金成本高，即使开发了实现交易的也很少，可持续发展难；地方政府对 CDM 项目建设以及碳交易的认知度还不高，企业参与程度低，多持观望态度，群众对碳交易的了解不多，企业与贫困农户的协调沟通较为困难，部分 CDM 项目群众参与面较小。民族地区参与碳交易在政策执行力、制度创新、市场机制建设和群众参与方面还存在着认识不深与实践困难等方面的普遍性问题。

八、本章小结

脱贫致富之道在于制度创新。碳交易是一项与时俱进的制度创新，可以在解决人类开发利用资源与环境时产生的外部性问题上发挥重要作用。碳交易制度源于国际市场。世界碳交易市场发展的时间长，结构比较完整，制度比较完善，市场机制发挥比较充分，产生了良好的多重效益，未来的应用面也很广。中国碳交易的发展已有一定的基础，构建统一的市场势在必行，这将有利于我国的碳交易实践，参与国际竞争，从碳交易中获益。当前民族地区的精准扶贫虽然取得了举世瞩目的成绩，但很多地方仍处于"富饶的贫困"中，精准扶贫还面临着很多困境，精准扶贫的模式与方式也需要适时优化。民族地区参与碳交易的意义重大，在碳交易的实践中有不少的成功案例，产生了较好的经济效益、社会效益与生态效益。但是，我们也应看到民族地区参与碳交易还存在着不少的困难与问题。民族地区破解碳贫困问题的政策实践中处理资源开发与环境保护的关系，应更大程度地体现政策与项目的"亲民族""益民族"性，使少数民族群众能够持续地从改革创新与市场化中分享经济增长的成果，实现共享式发展。

第八章　民族地区碳交易破解碳贫困问题的基本路径

　　贫困是人类社会发展所面临的共同问题，贫困既是经济问题，也是社会问题，但归根到底是发展问题。在发展经济学中，当今发展中国家的主要问题是资源禀赋和技术变化的速度缓慢。拉丁美洲和东亚资源丰富国家的经验表明，在决定经济绩效方面，政策比资源禀赋更重要。有效的政策导向应该是通过有效地利用植根于传统的规范和习俗，创造出一种能够最好地开发新经济机会的经济制度。①

　　生态补偿机制是调整生态建设各方利益关系的一种制度安排。建立与新时代发展相适应的新生态补偿机制是破解民族地区碳贫困问题的核心路径，生态补偿的思路、原则、方法、补偿主体、受偿客体以及实现形式可以多样，而碳交易可以成为资源开发利用与生态保护外部性问题下实现生态补偿市场化的重要方式。

一、减碳源——民族地区传统资源开发的转型升级

　　民族地区是我国的资源富集区，碳减排的压力大，潜力也很大。民族地区应以传统资源开发利用的转型升级为基础，从多方面减少碳源，减小碳排放。

---

① 速水佑次郎,神门善久.发展经济学:从贫困到富裕:3版[M].李周,译.北京:社会科学文献出版社,2016.

第一，减排增汇是实现碳交易的基础。民族地区要落实供给侧结构性改革"三去一降一补"任务，严把节能减排关，实施能耗强度、碳排放强度和能源消费总量控制。减少碳排放就要提高碳生产率，提高能源利用效率，减少化石能源的使用，发展和使用清洁能源。在传统资源开发利用中，要实施技术改造，淘汰落后生产工艺，通过技术措施有效控制民族地区资源开发利用中关键点的碳排放，重点治理矿区的点源污染。

第二，将碳交易作为促进节能减排的新方式。碳交易是国际公认的减少二氧化碳排放的一种制度创设。通过碳市场推动民族地区节能减排从政府驱动为主转向市场导向为主，从公共财政补贴驱动为主转向商业利益驱使为主。同时，碳市场还可以强化企业节能减排的压力与责任，倒逼企业改良技术设备、淘汰落后产能、降低能耗。推广碳排放权、排污权交易试点，鼓励社会资本投入环境保护，逐步建立完善排污者付费、第三方治理、政府监管、社会监督的节能减排新机制。

第三，推进 CDM 项目建设，减少能源消耗碳排放。沼气 CDM 项目建设中，由户用沼气向小型沼气工程转变，由分散向集中转变以适应新时代农村的新变化，碳减排效益会更高。这既有利于提升沼气 CDM 项目建设的效率，又有利于降低碳交易的成本，提升项目建设的总体效益。民族地区要以 CDM 项目的建设促进能源结构多样化，提升能源开发利用技术，提高能源利用效率，促进可再生能源逐步替代传统能源。例如，水电、风能和太阳能是可再生的绿色能源，已成为世界各国能源发展的重点之一，备受国际环保组织、国际基金组织和国际能源环境投资公司的青睐。民族地区可广泛开展清洁能源发展的国际合作，利用国际资金和先进技术，大力开发利用水电、风能、生物质能、太阳能等清洁能源，降低开发成本，减少碳排放量，减小能源开发利用对生态环境的负外部性影响。

第四，促进传统资源型产业转型升级，减少能源行业碳排放。民族地区应加快经济增长方式由粗放型向集约型的根本性转变。有选择地发展非煤接续替代产业，将资源比较优势转化为竞争优势、经济优势，实现资源丰富民族地区经济社会的可持续发展。要结合当地的资源禀赋特点，因地制宜大力推进循环经济发展，实施创新驱动发展，以三次产业结构的调整带动传统资源型产业的转型升级，减少能源行业碳排放。

二、增碳汇——民族地区加大生态环境保护力度

减排增汇是实现碳交易的基础，有助于碳交易减贫。碳汇的种类很多，主要有森林碳汇、草地碳汇、湿地碳汇、农业碳汇、土壤碳汇和海洋碳汇。就民族地区而言，应依托国家重大生态建设工程增加碳汇。

第一，森林碳汇。森林是最大的碳库，在陆地生态系统碳吸收中是最经济的。民族地区要结合国家重大生态工程建设，争取将民族地区各县（市、区）天然林保护、长江防护林、石漠化治理、低产林改造等纳入国家和省重点生态建设工程，深入推进林业重点生态工程建设。推行"山长制"，聘请建档立卡贫困户为护林员，动员更多贫困人口参与林业生态工程建设。坚持既抓植树造林，增加森林面积，又抓森林经营，提高森林质量，不断提高单位面积森林储碳能力。按照因地制宜、分类施策、造管并举、量质并重的原则，大力推进森林可持续经营，改善森林质量，提升储碳能力。处理好保护与利用的关系，将林业培育作为生态建设、农民增收、产业发展的增长点。更加注重林区农民的增收，实现生态效益、经济效益、社会效益的统一。

第二，草地碳汇。草地的固碳潜力大且碳汇价值高。草原生态恢复是草原增汇的"碳汇过程"，应通过优化草地管理方式和改进土地利用方式提升草地碳汇功能。民族地区要通过政府引导加大草地保护的投资力度，建立草地固碳增收示范工程，调动牧民的积极性，更好地实施草地保护制度。设立"绿色碳汇基金"使碳汇补偿机制成为草原生态补偿奖励机制的重要补充。实行阶段性禁牧，让退化严重的草原休养生息；实行草畜平衡措施，防止超载过牧的草原退化。坚持保护草原生态和促进牧民增收相结合，实施禁牧补助和草畜平衡奖励，让牧民感到自己是草地的主人。以牧民为主体去保护草原、建设草原。在草地增碳汇的同时，积极探索低碳发展模式，探索草地碳汇交易机制，实现草地碳汇价值。

第三，农业碳汇。促使农业生态系统由碳源转化为碳汇。农业既是重要的温室气体排放源，又是一个巨大的碳汇系统。农耕文化是少数民族文化的重要组成部分。少数民族群众通常具有较强的农耕文化思想，他们的农耕方式传统，种植品种单一，土地细碎化。以改变传统农业组织形态为主体，在民族地区大力推进农业专业合作社发展，探索创建"企业—碳交易机构—农村专业合作组织—农户"的农业碳交易机制，形成企业、农村专业合作组织、

农民与碳交易机构的多方利益共享机制。设立民族地区农业碳基金，拓展农业资本市场，用于碳排放的收购交易。以清洁发展机制为核心，逐步引入碳交易机制，推动农业碳汇项目的开展，增加农民碳汇收入，激励农民减少农业碳排放。

第四，土壤碳汇。科学选择农作物类型，建立合理的轮作制度，改善土壤环境质量。土壤碳是衡量土壤肥力水平的重要指标，长期耕种的土地其碳汇变化动态很大程度上受轮耕、耕作、施肥、秸秆还田等农事活动的影响。通过采用合理耕作、减免耕措施，减少土地有机碳稳定性的破坏，防止土壤侵蚀，减缓土壤有机碳分解，增加土壤碳汇。采用保护耕作措施（轮耕）、增加秸秆还田、有机肥施用等，减少土壤二氧化碳净排放，稳定甚至增加土壤碳储量。同时，加大酸化、石漠化、沙化、盐碱化土地的治理，改善土壤环境。因此，在农业经营管理中，加强土壤生态环境的治理，对于保持农业可持续发展并发挥土壤固碳能力、保证粮食安全与缓解气候变化方面具有双重积极意义。

总之，民族地区在保护生态环境、增加碳汇的同时，还要进行政策制度创新。在减贫实践中，通过碳交易市场机制的引入、市场资源要素的流入，拓展区域发展权，提升少数民族群众的自我发展权利与能力，实现经济发展提速、提质与增效，促进减贫工作的稳步推进。

三、优化生态补偿制度——民族地区碳贫困责任共担，利益共享

每个社会对自身熟悉的制度、技术会产生"路径依赖"。只有用创新打破既定的决策方式及措施，才能使增长不再以耗竭自然资本为代价。民族地区既承担着生态保护、涵养水源的主体功能区责任，又担负着向东部地区输出能源及矿产资源的重任。中东部地区是中国经济发展水平相对较高的地区，也是生态受益地区。受益地区对生态补偿没有承担明确的责任则有失公平，现有的生态补偿机制未能充分保障民族地区的利益。这就要建立合理的区域生态补偿机制，通过政府、市场、社会三个补偿子系统之间的良性互动，实现民族地区生态资源开发、生态保护以及利益相关者之间的共赢。

第一，科学界定生态保护者与受益者的权利和义务，加快形成生态损害者赔偿、受益者付费、保护者得到合理补偿的运行机制。建立有利于民族地

区生态环境保护的财政转移支付制度和资金横向转移补偿模式，如资金补助、产业转移、人才培训、共建园区等补偿方式。通过横向转移改变区域间既得利益格局，实现公共服务水平的均衡。加大民族地区生态补偿力度，完善森林资源保护、矿产资源开发、流域水环境保护等重点领域生态补偿制度。其中，碳交易既是一种市场化的生态补偿机制，也是一种分配方式。通过碳交易实现资金、技术等资源要素的区域转移，提升生态补偿实效，实现民族地区"绿水青山就是金山银山"的发展目标。

第二，通过生态补偿脱贫一批，促进贫困人口脱贫。生态补偿脱贫一批是精准扶贫"五个一批"的重要内容之一，生态补偿的形式可以多样，加大民族地区生态修复力度，增加重点生态功能区的转移支付，扩大政策实施范围，让有劳动能力的贫困人口就地转化成生态保护人员。以贫困人口可持续能力补偿为主，进一步加大民族地区发展政策与资金的支持。调动少数民族贫困群众的生产积极性，提升他们的自我发展能力。

第三，建立资源富集民族地区生态补偿机制是实现民族地区资源开发经济外部性内部化的有效手段。党的十九大报告提出：建立市场化、多元化生态补偿机制。以市场化为主导的碳交易生态补偿模式，通过调整公共环境利用和保护相关方的利益关系，可使公共生态利用和保护的经济外部性内部化。一方面抑制生态环境被过度利用的行为，另一方面激励生态保护和改善生态系统服务。目前生态补偿的主体是政府，所用的主要是财政资金。从政策制度层面看，碳交易可以促进跨区域生态补偿、为生态建设主体与生产企业之间的互利合作搭建平台，强化中东部地区因享受到民族地区履行生态环保义务而依法付费的意识和行为。

第四，通过碳交易的市场化生态补偿机制实现"工业补偿农业、城市补偿农村、排碳补偿固碳"，实现民族地区"绿水青山"就是"金山银山"。建立体现市场价值的"绿水青山"生态支付体系。进一步提高和扩大对民族地区生态功能区财政转移支付标准和范围，给予为生态保护事业做出贡献的贫困群众适当的补偿，提高民族地区公共服务均等化水平，让民族地区共享改革发展成果。加快建立体现生态价值、代际补偿的资源有偿使用制度和生态补偿制度。加大对重点生态功能区的转移支付力度，建立跨区域的生态受益地区和保护地区、流域上游与下游的横向补偿机制，推进省级区域内横向补偿、绿色化补偿。

四、实施碳交易减贫——民族地区碳贫困外部性内部化的新途径

市场失灵主要表现在，如果没有能使负外部性或正外部性内部化①的措施，资源就会被过度开发或者保护不足，即资源配置缺乏效率。制度及制度安排对于地方发展中的资源配置、促进市场作用的发挥、实现资源优势向竞争优势的转变具有重要作用。碳交易机制为生态补偿方式转变搭建平台，引入市场机制，为生态补偿提供量化标准，助推地方生态文明制度建设。

第一，建立生态产权或自然资源产权交易市场化激励机制，以点带面促进民族地区生态补偿机制优化。碳交易中清洁发展机制建设的实质是制度创新，能解决能源项目发展、生态环境保护中参与主体单一、资金来源单一、收益分配难等问题。推动扶贫工作由资金驱动向要素驱动转变。碳交易通过明确碳排放（碳汇）的产权再进行碳产权市场化交易，实现受益者增加支出，受损者获益，促进资源价值的发现，优化区域之间资源的配置，为"绿水青山就是金山银山"的实现做出贡献。

第二，通过碳交易实现民族地区碳贫困外部性问题的内部化。在全国统一碳交易市场建设的过程中，着重关照发达地区与民族地区之间的"碳源—碳汇"交易市场。通过碳交易实现民族地区绿碳贫困中的碳汇资源变资产，减小灰碳贫困中自然资源开发利用对周边群众生产生活的负外部性影响。利用市场机制，以较低的成本和较高的效率，进行生态建设与环境保护。根据"谁污染，谁付费"的原则，将二氧化碳排放的外部性成本由社会成本转变为以企业为主体的私人成本。

第三，将碳交易的收益作为贫困人口可行能力培育的资金。集中使用碳交易资金，建立可持续发展基金，用于生态修复、环境保护和农民的可持续性生计。部分资金作为贫困人口可行能力培训基金，支持贫困人口的教育培训、就业创业，提升他们获取非农收益的能力。部分资金用于民族地区基础设施（水电路）的建设及贫困居民生活环境的改善（改厨改厕改圈），提升公

---

① 外部性内部化就是使生产者或者消费者产生的外部费用，进入他们的生产或消费决策，由他们自己承担或"内部消化"，从而弥补私人成本与社会成本的差额，以解决外部性问题。

共服务水平（技能培训、提供务工信息、农家书屋建设、乡镇卫生院建设），提升贫困群众的可行能力（掌握非农就业技能、开阔眼界），以自主摆脱碳贫困。

第四，将碳交易作为解决民族地区碳贫困问题的重要途径。民族地区的碳交易以 CDM 项目为基础，适当放宽有关条件的认定，逐步降低 CDM 项目的交易成本，项目建设中政府要加强与企业的合作。以 CDM 项目的建设激发贫困人口参与脱贫攻坚的积极性。通过碳交易引入资金、技术与先进管理理念等市场资源要素，推动民族地区以水利、交通、教育、医疗卫生等为主体的基础设施建设。加大土地石漠化、沙化、水土流失等生态环境问题的治理，推动民族地区扶贫开发与资源环境相协调，使贫困人口从生态保护中得到更多实惠，从而带动贫困人口脱贫致富以及实现可持续性脱贫。提升贫困地区发展的内生动力，建立民族地区绿色经济发展的长效机制。

五、选择新的发展理念——民族地区绿色发展破解碳贫困问题

绿色发展为民族地区实现追赶、降低各地区间差距提供了新途径。改革开放后，东部沿海经济率先获得发展，但是自 2005 年起，中西部地区的经济增长率已经超过东部地区。[①] 绿色发展中生态文明建设的意义重大，关乎人民福祉，关乎民族未来，关乎全面小康社会的质量。民族地区要以绿色发展理念为指引，破解碳贫困问题。

第一，转变发展观念，牢固树立绿色发展理念。煤炭等自然资源富集的民族地区，面对经济社会发展中的生态保护压力，要切实转变发展观念，牢固树立绿色发展理念。绿色发展是一种全新的发展观，是一种新的价值选择。正确处理经济发展和生态环境保护的关系，既要十分重视生态环境保护，又要保持经济适度发展。依据资源环境承载能力谋发展，大力推广低碳技术，加大绿色投资，倡导绿色消费，促进绿色增长，实现经济效益与生态效益的有机统一。加快推进经济结构从依赖资源、能源消耗向依靠绿色产业、绿色产品发展的轨道上来。把建设生态文明与推进新型工业化、新型城镇化与乡村振兴战略有机结合起来，把建设资源节约型、环境友好型社会作为绿色发

---

① 刘云中,刘泽云.中国区域经济一体化程度研究[J].财政研究,2011(5):34-39.

展的根本举措。

第二，以制度创新与科技创新驱动民族地区绿色发展，破解碳贫困问题。落实绿色发展的顶层设计，制定科学合理的碳交易制度。"政府创造、市场运作"的碳排放交易制度是一项针对解决环境外部性问题的制度创新。碳交易为生态富集民族地区的碳汇资源变成碳资产提供了新途径，有助于实现生态富集正外部性的显化。生态富集民族地区通过清洁发展机制项目的建设引进先进技术、现代管理理念与方式，在碳交易中实现 CDM 项目建设的经济效益、社会效益和生态效益的统一，从而为民族地区经济增长注入活力，为贫困群众的就业、增收创造机会，引导资金、先进技术、现代管理方式流向民族地区，提升贫困群众的自主发展权，促使绿色碳资源变资产，摆脱碳贫困，实现民族地区绿色发展。

第三，通过碳市场搭建民族地区经济社会发展与生态环境保护的桥梁。发展需要物质支撑，也需要生态支撑。生态系统的良性循环可以使生态资源的再生增值能力大于经济增长对自然资源的索取，从而为经济发展提供良好的外部环境，提升大经济发展的速度、质量。碳交易市场是调整能源结构、治理环境污染的有效市场手段，是推进绿色转型发展的必然选择。建立碳市场可以带动民族地区用经济手段促进碳减排。碳市场提供减排激励，促进企业把碳排放成本纳入经营决策，降低运营成本，促进排放权权益的优化配置，实现高效益减排。

第四，以市场机制驱动，更好地发挥政府作用，推动民族地区绿色经济发展。

民族地区要充分发挥市场机制的作用驱动绿色经济发展，在处理好市场与政府关系的基础上，探索生态补偿、排污交易等经济型规制手段，让市场参与者充分竞争，形成激励全社会参与碳减排、环境保护的稳定持续机制。通过设立基金、补贴、奖励、贴息、担保等多种形式，最大限度地发挥公共投入在市场机制下的"杠杆效应"。在涉及民族地区发展利益方面，进一步强化和实质性推进资源价格市场化改革，建立能够反映资源稀缺程度和环境成本的市场价格形成机制；重点推进水、电力、煤炭、石油、天然气等关键性资源产品的定价机制改革。

总之，绿色发展依靠市场机制推动时，也有较强的外部性，存在市场失灵，需要政府规制、激励政策和市场机制的协同。既要加强政府规制，使用财政资金引导社会资金，又要加强合同能源管理和碳排放权交易等市场手段。

加大政策法规的执行力度，增加财政投入。完善碳排放权交易市场，积极推进跨区域交易。提升民族地区全社会经济发展的速度与质量，实现绿色发展，破解碳贫困问题。

六、本章小结

　　无论是灰碳贫困还是绿碳贫困，都需要"发展"这个解决民族问题的总钥匙。只有发展才能改变民族地区贫困落后的面貌，不断提高各族人民的生活水平；只有发展才能化解各种矛盾，巩固和发展社会主义民族关系，维护祖国统一；只有发展，才能显示社会主义制度的优越性。全面建成小康社会，一个民族都不能少。树立发展和保护相统一的理念，坚持发展是硬道理的战略思想，而发展必须是绿色发展，要平衡好发展与保护的关系。

　　坚持政府推动与市场驱动相结合，大力推动政策制度与体制机制的改革创新，以碳交易制度创新为中心，破解碳贫困问题，走碳交易减贫的新路。既要坚持政府主导行政力量推动，又要注重发挥市场配置资源的决定性作用，通过碳交易的市场化机制，以市场化的方式引导更多的资金、技术与先进管理理念流入民族地区，参与民族地区的减贫工作。同时，以碳交易中 CDM 项目的开发建设为中心，吸引更多战略投资者参与民族地区的减贫工作。

　　绿水青山就是金山银山，坚持绿色发展就是抓住了最大财富。要坚持资源开发与生态保护相结合的绿色减贫新路。牢固树立保护生态是减贫之基、致富之道的理念。自觉遵循生态经济协调发展规律、生态需求递增规律和生态价值增值规律，让生态既为人类提供生存的良好环境，又为人类提供生存的物质保障，实现金山银山百姓富与绿水青山生态美的有机统一。

总结与展望

民族地区在全面建成小康社会的进程中，要实现跨越式发展，追赶发达地区，就必须开发出与其独特文化和社会环境相适应的有效经济发展制度。民族地区开展碳排放权交易具有良好的资源基础，具有一定的操作实践经验，碳汇储量与碳减排潜力大。再者，少数民族群众普遍具有朴素的生态环境保护理念。

生态文明制度建设是关系人民福祉、关系民族未来的大计，是实现中华民族伟大复兴中国梦的重要内容。我国在《2012年中国人权事业的进展》白皮书中首次将生态文明建设写入人权保障，提出要保障和提高公民享有清洁生活环境及良好生态环境的权益。党的十九大报告把"坚持人与自然和谐共生"作为新时代坚持和发展中国特色社会主义基本方略的重要组成部分，号召"为把我国建设成为富强民主文明和谐美丽的社会主义现代化强国而奋斗"。这些表明了我们党持之以恒推进美丽中国建设、建设人与自然和谐共生的现代化国家、为全球生态安全做出新贡献的坚定意志和坚强决心。现阶段在民族地区大力推进减贫工作，就是实现民族地区的同步小康与各民族共同繁荣的重大举措。

有效的政策制度设计就是要将维护贫困地区群众生计与保护生态环境置于同等重要的地位，并在扶贫实践中兼顾不同利益主体的经济利益、社会利益与生态利益。脱贫攻坚和保护环境要结合起来，"绿水青山必须变成金山银山"，不能让民族地区再走先发展后治理的老路，也不能让贫困人口失去发展的机会。

与学者们广泛研究的"资源诅咒"、生态贫困等热门课题相比，本书所研究的碳贫困问题与之既有联系又有区别，既有继承又有创新。碳贫困问题可以看作是综合"资源诅咒"、生态贫困两个问题的基础上以一个更加细致的切入点研究贫困问题。本书中的灰碳贫困与绿碳贫困既是贫困问题的原因又是贫困问题的表象,碳贫困可以从一个方面的两个维度探讨民族地区的贫困问题。诚然,民族地区的贫困是多方面、多层次、多因素综合交织影响的结果。本书从一个新的视角,尝试性探究了多因素交织的民族地区"碳资源富集的贫困"问题。

笔者参与了数次有关民族地区贫困问题的课题调研,均发现可行能力不足既是贫困户致贫的重要原因,也是贫困户脱贫难的重要原因。笔者认为,无论是灰碳贫困还是绿碳贫困,都表现出"碳"资源开发利用外部性影响下贫困群众可行能力的再生能力不足。碳贫困问题是在自然资源开发、利用与保护中对生态环境产生外部性影响,对人类的权利与能力及生产活动造成外部性影响,进一步引致地区发展难、地区贫困群众可持续及生计难的问题。因此,解决碳贫困中绿碳贫困与灰碳贫困的最终目标是以提升贫困群众的可行能力,拓展他们的发展权,来实现他们在资源开发利用与生态环境保护中生计的可持续,让美丽与富饶同在。

民族地区如何在资源开发利用中,既保护生态环境又实现贫困人口生计的可持续?如何在生态环境保护、地区发展受到限制的情况下,既巩固生态建设成果又促进贫困人口脱贫致富?

本书通过理论探讨、案例研究与经验借鉴后认为:

第一,民族地区有十分丰富、潜力巨大的碳交易资源,但是目前项目开发成本高,项目开发的数量还不多,力度还不够,有待深入开发。

第二,已开发的碳交易项目产生了较好的生态、经济、社会与减贫效益,对民族地区的贫困群众可行能力的提升和脱贫攻坚具有一定的促进作用,这种作用是多层次、多方面的。

第三,碳交易减贫作为一种新的政策制度设计,以市场化的方式解决脱贫攻坚中民族地区政府难以解决、解决不好的资源环境外部性问题,可以成为精准扶贫模式优化的一个重要思路。但是碳交易的制度仍需进一步优化,碳交易制度的群众基础仍不牢固。民族地区的碳交易减贫要在进一步积累实践经验的同时做出开创性的工作。

有鉴于此,碳交易可以成为民族地区摆脱碳贫困的市场化路径。通过市场化的碳交易方式为民族地区 CDM 项目建设带来资金、技术与先进的管理理念，克服以政府为主导的生态补偿与扶贫中资金来源渠道单一、方式单一的问题。以市场化的方式可持续地引入众多的市场要素参与生态建设与扶贫，为民族地区经济社会发展注入新的市场活力，克服以政府为主导的减贫难以可持续的问题。在民族地区清洁能源、碳汇林等 CDM 项目建设中，参与项目的农民可以获得碳交易收入；更重要的是，农民通过参与项目建设（技术培训、务工、生产资料入股等形式），可以提升可行能力，增强自我发展能力，增加非农收入。

民族地区多为我国的生态脆弱区、资源富集区。基于少数民族与民族地区的战略地位，从六盘水市灰碳贫困、恩施州绿碳贫困的案例可以看出，这两个地方为国家经济建设与生态安全做出了贡献。因此，面对碳贫困，需要加快小康社会建设，在实施生态项目的建设时要向民族地区倾斜，要建立生态资源的有偿使用制度和生态环境损坏赔偿制度。深化生态补偿机制改革，探索开展多种形式、多层次的市场化生态补偿机制。碳交易机制的建立是一种"政府创造，市场运作"，以创造碳减排为核心价值的制度。它是一种既能调动人们参与生态环境保护的积极性，又能使人们获得相应收入的市场化激励机制。以市场化的手段进一步缩小私人成本与社会成本，私人效益与社会效益之间的差距，实现碳减排与碳汇资源生态服务外部效应的内部化，使得碳资源价值的全面实现。

在市场经济中，政府通过合理的制度安排（如生态补偿机制）激励市场主体将外部性成本内部化，政府以财政收入为限提供的公共产品数量形成了外部性市场有效需求的来源（如碳市场中的碳排放权的分配限额）。碳交易机制是用市场力量代替行政管制实现温室气体减排的重大创举，也是一种市场化的生态补偿机制。民族地区要解决碳贫困问题，关键在于从实际出发，以市场为导向，进行相应的政策制定与制度设计。"外部效应"的内部化是通过市场作用和政策设计使市场机制失控的外部效应得以控制和消除，碳交易就是使碳汇的环境正外部效应内部化，碳排放的环境负外部效应内部化。通过碳交易实现生态补偿，既是资源环境外部性成本与收益的再分配，也是一种多方利益的再协调。

目前，中国的碳交易还处在探索阶段。碳交易是一个系统性的问题，不仅要关注交易量，还要以碳交易的实践为指引，增强人们的生态环境保护意识，并付诸行动。碳交易 CDM 项目的目标之一就是促进可持续发展，以

CDM 项目建设为基础，让更多的农民参与到有利于环境保护的碳交易中，提升农民的就业技能，拓展农民的就业渠道，进而提升可行能力，促进他们自主增收，实现生计的可持续，带动贫困地区农民脱贫致富奔小康，实现碳交易背景下的农村经济效益、社会效益与生态效益的统一。从已开展的碳交易项目、实施的案例看，民族地区在风力发电、光伏发电、户用沼气、碳汇林、煤层气抽采碳减排等 CDM 项目上，不仅获得了直接的经济效益，还产生了良好的生态效益、社会效益，从多个层次为民族地区的减贫做出了重要贡献。

碳交易不仅拓展了碳市场功能，还推动了市场化生态补偿机制的建立。碳交易生态补偿可以根据生态系统服务供给的成本，实现生态服务的价值化、市场化，依据市场价值规律，进一步促进生态补偿机制与市场规律相一致。既能促进资源丰富但经济欠发达地区的绿色低碳发展，又能促进这些地区的减贫。减贫的主要对象是贫困群众，将碳交易市场和生态补偿及扶贫开发相结合，调动贫困群众的积极性，让他们自食其力，自力更生，才能真正斩断穷根，实现真正的脱贫。

精准扶贫是我国全面建成小康社会的一种政策选择，也是实现各民族共同繁荣的重要方式。碳交易是破解碳贫困问题的一种制度创新，而 CDM 作为发展中国家与发达国家开展碳交易的主要途径，可促进大量资金、先进技术与管理理念由发达国家向发展中国家转移，助推发展中国家的绿色发展。而发展中国家在绿色可持续发展中应更加注重贫困人口权利的维护、可行能力的培育，这才是摆脱碳贫困，摆脱人口、资源与环境困境的一种正确选择。因此，新时代如何发挥碳交易在促进脱贫攻坚与民族地区乡村振兴统筹衔接中的作用值得探究。碳交易在绿色发展中如何发挥更大的作用值得深入探讨。

在未来相应问题的研究中，结合学术界对水贫困的已有研究成果，可继续开展有关碳贫困问题的理论探讨，开展碳贫困发生、发展、特点以及对应的指标体系构建，进一步认识与评价碳贫困，把握碳贫困问题的一般性规律。基于外部性理论的模糊性与复杂性，该理论在碳贫困发生与碳交易实施领域的应用可以进一步深化。在碳排放测算、碳储量估算方面，结合研究对象的实际以及测算方法的适用性，需要进一步提高估算的精度。碳交易是一个热门的研究课题，碳配额与碳交易制度是一个庞大复杂的体系，也是碳交易实施的基础，但不是本书研究的重点，因此未做深入探讨。就碳交易减贫而言，在碳交易 CDM 项目的开展中如何降低成本？如何实现项目可持续发展？如何控制少数人获取多数利益？如何让更多的贫困群众共享改革、发展的成果？可行能力不足背景下的碳贫困发生机制如何进一步探讨？如何提升权利与能力以摆脱碳贫困？如何治理碳贫困？这些问题都需要学者——来解决。总之，对于民族地区碳贫困问题，其核心是资源的配置与转化问题，将富集的碳资源优势转化为经济优势，将碳资源的比较优势转化为竞争优势，将竞争优势转化为合作优势。这一系列的转化，需要政策与制度的创新，碳交易或许是一种重要的合作方式。对这些问题的深入认识不仅需要理论研讨，还需专家学者的研究、政府与社会各界的实践。

附录 A：生物量（a）和蓄积量（b）转换模型参数表

编号	a	b	适用树种	备注
1	0.5185	18.2200	红松	针叶树种
2	0.4642	47.4990	云杉、冷杉、紫杉	针叶树种
3	0.4158	41.3318	铁杉、油杉、柳杉	针叶树种
4	0.6129	46.1451	柏木	针叶树种
5	0.6096	33.8060	落叶松	针叶树种
6	1.0945	2.0040	樟子松、赤松	针叶树种
7	0.7554	5.0928	油松	针叶树种
8	0.5856	18.7435	华山松	针叶树种
9	0.5101	1.0451	马尾松、云南松、思茅松	针叶树种
10	0.5168	33.2378	黑松、高山松、水杉、乔松	针叶树种
11	0.3999	22.5410	杉木	针叶树种
12	0.7975	0.4204	水胡黄、楠樟檫、椴树	阔叶树种
13	1.1453	8.5473	栎类	阔叶树种
14	1.0687	10.2370	桦木	阔叶树种
15	0.8873	4.5539	桉树	阔叶树种
16	0.7441	3.2377	木麻黄	阔叶树种
17	0.4754	30.6034	杨树、桐类、相思、软阔	阔叶树种
18	0.7564	8.3103	硬阔、杂木、矮林	阔叶树种
19	0.5894	24.5151	针叶混	混交树种
20	0.7143	16.9654	针阔混	混交树种
21	0.8392	9.4157	阔叶混	混交树种

附录 B：农作物根冠比、含碳量、水分系数和经济系数

农作物	根冠比	含碳量（%）	水分系数（%）	经济系数
小麦	0.48	48.53	11.67	0.35
水稻	0.60	41.44	11.86	0.55
玉米	0.44	47.09	12.23	0.50
大豆	0.13	44.50	15.00	0.44
薯类	0.18	44.19	77.10	0.80
棉花	0.19	45.00	11.5	0.38
油菜	0.04	44.74	11.00	0.30
芝麻	0.25	45.00	15.00	0.15
向日葵		45.00	10.00	0.30
麻类	0.29	45.00	15.00	0.36
甘蔗	0.40	45.00	50.00	0.72
烟叶	0.32	45.00	15.00	0.53
中药材		45.00	15.00	
蔬菜		45.00	90.00	0.60
瓜菜类		45.00	90.00	0.70
其他作物		45.00	15.00	0.35

附录C：碳排放系数及折标准煤系数

能源种类	碳排放系数（吨碳/万吨标准煤）	折标准煤系数（kgce/kg）
原煤	0.7559	0.7143
燃料油	0.6185	1.4286
焦炭	0.8550	0.9714
原油	0.5857	1.4286
汽油	0.5538	1.4714
煤油	0.5714	1.4714
柴油	0.5921	1.4571
天然气	0.4483	1.3300
核电	0	1.2291
水电	0	1.2291

注：①数据来源：朱勤，彭希哲，陆志明，等. 中国能源消费碳排放变化的因素分解及实证分析［J］. 资源科学，2009（12）：2072-2079.

②水电与核电的折标准煤系数仅能找到电力的折标准煤系数，因其碳排放系数为0，故不影响整体结果。

附录 D：六盘水市精准扶贫背景下碳贫困问题破解路径研究的调研提纲

一、政府部门座谈调研提纲（六盘水市能源局）

（1）当前，六盘水市煤炭等能源资源开发的总体概况（规模、现状、问题与未来的发展对策思路）。

（2）近五年部门年度工作总结报告材料（能源资源开发的统计年鉴、数据年报等）。

（3）"西电东送"的有关情况（发电量、自用量、外送量），是否有相关补贴与补偿？

（4）煤炭发电或者用于生产的碳排放量。

（5）煤炭资源开发对当地经济社会环境、自然环境的建设性与破坏性作用。

（6）煤炭产业升级的主要途径、取得的成效。

（7）煤炭接续替代产业发展的现状、特点、问题与对策。

（8）采煤沉陷区是如何治理的（地质与自然环境）？当地居民如何安置？

（9）六盘水市"三变"改革中，煤炭资源如何变资产？方法与途径是怎样的？取得的效果如何？

二、煤炭资源开发相关企业调研提纲

（1）企业发展的历史，当前生产经营的总体概况。

（2）煤炭开采量、使用量，煤炭的主要用途，当前的煤炭价格。

（3）煤炭附加值提升的主要途径有哪些？煤炭产业链延伸的主要途径有哪些？

（4）煤炭开采、发电等，"三废"的排放量是多少？如何处理？困难点是什么？

（5）政府对煤炭企业发展的扶持（人、财、物三个方面），煤炭企业对当地经济发展、自然环境的影响（正反两个方面，居民收入、居住环境、居民健康、生产方式、思想观念）。

（6）煤炭企业发展带动当地居民就业与增收的情况如何？在"三变"改革中当地村集体或者村民有没有参股煤炭企业的情况？

（7）煤炭企业发展对精准扶贫、全面建成小康社会的贡献与影响。

三、煤炭资源开发附近村庄调研提纲

（1）村寨的总体概况（村庄地理位置、人口数量、民族、农民的年均收入、农业生产状况、耕地面积、外出务工状况与贫困状况）。

（2）煤炭资源开发对村寨人文环境的影响（煤炭资源开发对居住环境的影响、对村民健康的影响、对农业生产的影响、对农作物产量的影响、对耕作方式的影响、对农民收入的影响，均从正反两个方面展开）。

（3）煤炭资源开发对村寨自然环境的影响（资源开发对自然环境的建设性与破坏性两个方面，比如对基础设施的投资与建设、"三废"的排放）。

（4）煤炭资源开发对村寨贫困与精准脱贫影响的关联分析（致贫的原因、过程与主要内容；脱贫的方法、表现与主要内容。围绕村民的生产生活方式、思想观念、收入构成展开）。

（5）六盘水市"三变"改革引领下的煤炭资源开发，碳排放与碳贫困在农村的对策建议（如何实现"资源变资产、资金变股金、农民变股民"，如何优化，如何让农民真正得实惠，实现农村脱贫致富，同步建成小康）。

附录 E：户用沼气利益相关者项目认知度调研问卷

一、调研对象基本信息

姓名：_____   性别：男   女

电话：_____   所在村（组）：_____

年龄：20~30 岁   30~50 岁   50 岁以上

受教育程度：初中及以下   高中   大专及以上

是否为贫困户：是   否

二、调研对象对户用沼气的认知与使用情况

（1）您家的户用沼气是哪一年开始使用的？   使用年份：_____

（2）您家建造沼气池的动机是什么？

    A. 自发建造   B. 政府发动   C. 方便种植养殖业

（3）您是否支持户用沼气项目的建设？

    A. 是   B. 否

（4）您是否能够承担户用沼气池建设的所有费用？

    A. 是   B. 否

（5）您建设沼气池是否获得过政府的项目补助？

    A. 是   B. 否

（6）户用沼气是否给您的生活带来了方便？

    A. 是   B. 否

（7）若是，户用沼气给您生活带来的便利有？（可多选）

    A. 清洁燃料   B. 方便牲畜排泄物处理

    C. 为农作物提供有机肥   D. 发展循环农业

（8）您认为户用沼气对于发展循环农业的作用大吗？

　　A. 大　　　　　　　　B. 不大

（9）您是否了解户用沼气项目能够减少碳排放带来环保效益？

　　A. 是　　　　　　　　B. 否

（10）您是否知道或了解一点碳汇交易？

　　A. 是　　　　　　　　B. 否

（11）您是否了解建设与使用户用沼气可以获得碳交易的收益？

　　A. 是　　　　　　　　B. 否

（12）当地政府是否给您家发放过户用沼气碳交易的收益？

　　A. 是　　　　　　　　B. 否

（13）当地政府是否向群众宣传介绍了户用沼气项目建设、沼气使用与管理的知识？

　　A. 是　　　　　　　　B. 否

（14）您是否支持碳汇项目申报成为碳资产项目？

　　A. 是　　　　　　　　B. 否

（15）您对户用沼气项目的实施有何意见？（可多选）

　　A. 各户分散使用，效率不高

　　B. 需要养牲畜，劳动强度大

　　C. 沼气液废渣处理难

　　D. 政府补助与支持的力度还不够

　　E. 获得环保效益的收益

（16）对于如何更好的开展户用沼气项目，请谈一下您的建议。

附录 F：碳汇林利益相关者项目认知度调研问卷

一、调研对象基本信息

姓名：_____　　　　性别：男　　　女

电话：_____　　　　所在村（组）：_____

年龄：20～30 岁　　　　30～50 岁　　　　50 岁以上

受教育程度：初中及以下　　　高中　　　大专及以上

是否为贫困户：是　　　否

二、调研对象对林业碳汇项目的认识

（1）您是否了解气候变化与林业碳汇？

　　A. 是　　　　　　B. 否　　　　　　C. 知道一点点

（2）您是否参加了碳汇造林活动？

　　A. 是　　　　　　B. 否

（3）您是否认为造林项目的实施会给当地的经济发展带来积极影响？

　　A. 是　　　　　　B. 否　　　　　　C. 不清楚

（4）您是否认为造林项目会给当地的就业带来积极影响？

　　A 是　　　　　　B. 否　　　　　　C. 不清楚

（5）您是否支持碳汇造林项目的实施？

　　A. 是　　　　　　B. 否

（6）对碳汇造林项目，您最关心哪方面效益？

　　A. 经济效益　　　　　　　　　　　B. 环境效益

　　C. 社会效益　　　D. 其他

（7）您认为碳汇造林项目的实施对周边居民是否有益？

A. 是　　　　　　B. 否

（8）您是否知道或了解一点碳汇交易？

A. 是　　　　　　B. 否

（9）若了解碳汇交易，您最关注哪方面？

A. 交易价格　　　　B. 尽快实现交易

C. 获得更多碳汇量再交易

（10）碳汇造林项目是否对公众开展了应对气候变化知识的普及宣传工作？

A. 是　　　　　　B. 否

（11）您是否支持碳汇项目申报成为碳资产项目？

A. 是　　　　　　B. 否

（12）您对碳汇造林项目的实施有何意见（可多选)？

A. 无意见，支持碳汇造林

B. 加强后期经营管理，预防火灾和病虫害

C. 促进当地林农增收

D. 尽快交易，变现，实现增收

（13）发展碳汇林农民的收益：土地流转费_____管护费_____林下套种_____
碳交易收益_____

（14）对于如何更好地开展造林活动，请谈一下您的建议。

后　记

　　民族地区是我国的资源富集区、水系源头区、生态屏障区、文化特色区、边疆地区、贫困地区，民族地区的发展事关我国民族团结、社会稳定和边疆安全，事关我国生态安全与环境质量。民族地区全面建成小康社会，就要补齐扶贫开发和生态环境保护这两大短板，把生态文明建设与脱贫攻坚工作有机结合起来。

　　本书将可行能力理论、外部性理论与脱贫攻坚的实践相结合，以民族地区的碳资源禀赋为基础，从地区及人的发展权利与能力角度思考贫困问题，创新性地提出了"碳贫困"的概念。本书尝试从一个新的起点、新的视角、新的思路，多学科融合地探讨民族地区的贫困问题，以"碳"资源开发利用的外部性影响探讨碳贫困的主要表现形式、成因、致贫机制及减贫方案，优化减贫模式，促使减贫的思路与方法更具"亲民性""益民性"。

　　民族地区在全面建成小康社会的进程中，要实现跨越式发展，就必须建立与完善与其独特文化和社会环境相适应的有效的经济发展制度。本书既对碳贫困概念、特征与发生机制等基础问题进行了研究，又探讨了"灰碳贫困""绿碳贫困"两种不同类型碳贫困的特征与表现形式，并以贵州六盘水市和湖北恩施州为例进行案例研究。在民族地区资源开发利用中将两种看似对立实则可以统一的碳贫困问题解决方案引至碳交易上。碳交易制度以产权为基础，作为一种新的政策制度设计，以市场化的方式解决脱贫攻坚中政府难以解决、解决不好的资源环境外部性问题。

　　本书以笔者的博士学位论文为基础，其能够面世首先得感谢我的导师李俊杰教授。李老师对民族地区的经济社会发展问题的研究有着深厚的理论功底、敏锐的洞察力，以及大胆创新的思维和时刻关注、关心民族地区经济社会发展的情怀。他"大胆假设，小心求证"，结合民族地区的资源禀赋特征和地区发展特点，创新性地提出了"碳贫困"的研究方向。没有李老师在选题中的大胆创新，我就不会有这个新的研究方向；没有李老师的悉心指导、反复修改，我就不可能顺利地完成写作。十分感谢李老师在学术方向上的指引，在学术研究方法上的指导。

　　本书写作框架的构思，结构的优化，实地调研，调研资料的整理，后期的写作与修改，离不开中南民族大学经济学院成艾华教授（原院长）、李忠斌教授、张跃平教授、陈祖海教授、沈道权教授、陈全功教授提出的中肯建议，离不开同门马楠、谈玉婷、金军、陶文庆、杨林东、吴启凡、阮元、李晓鹏，在我调研与写作中所给予的大力支持与帮助。正是有了你们的帮助我才能完成书稿。得益于参与导师和同门师兄的课题项目，其中的研究方法运用、数据收集、实地调研与部分内容的写作经历，使我在本书的写作中有了大量对民族地区经济社会发展的感性认知，有了挖掘数据、归纳整理数据的思路、方法与经验。十分感谢导师与师兄提供的学习锻炼平台。

　　"读万卷书，行万里路""没有调查就没有发言权"，没有大量的实地调查研究，本书是难以完成的。在贵州六盘水市的调研中，感谢对调研工作给予支持与帮助的六盘水市能源局何枢（原局长），李珂（原副局长），煤炭产业研究中心李为利（副主任），钟山区能源局黄大永（局长），盘南电厂生产技术部王军（主任）。在湖北恩施州的调研中，感谢恩施州发展改革委易吉斌（原副主任）、岳东（原副主任）、邢翔（总工程师），州生态能源局周行雨（原副主任），恩施市三岔镇农业服务中心阮珍金，宣恩县林业局钟仁义（局长），林业产业发展办公室张强（原科长），宣恩县生态能源局覃遵镜（副局长）对调研工作的帮助与支持，还有在做问卷调研中得到乡镇干部、村干部的帮助，在此一并表示感谢。同时，感谢湖北省碳排放权交易中心王海副总、黄锦鹏博士的帮助。正是有了你们的热情帮助，我才能完成调研，在调研中获得大量第一手资料，获得大量的感性认知，这样才有了本书写作中由感性认识上升到理性认识的基础。

　　本人自参加工作以来在科研方面得到了江汉大学武汉研究院领导的关心与支持，以及同事的帮助，才有了书稿的进一步完善。本书能够顺利出版还得感谢江汉大学科学研究处的出版资助，感谢江汉大学梁东教授的鼓励与支持，在此一并致谢。

作者　付寿康

2020 年 12 月